# 음식해부도감

# FOOD
## ANATOMY
# 음식해부도감

전 세계 미식 탐험에서 발견한
음식에 대한 거의 모든 지식

줄리아 로스먼 글·그림 | 김선아 옮김

더숲

# 머리말

**부**모님은 언제나 나와 언니를 위해 완벽한 저녁식사를 만들어주셨다. 직장에서 퇴근하고 돌아온 평일 저녁에도 마찬가지였다. 이제 와 되돌아보니 가족의 식사를 준비하는 데 부모님이 보여준 헌신이 정말 경이롭다. 우리는 6시가 되면 커다란 오크나무 원탁에 둘러앉아 이야기를 나누며 저녁을 먹었다. 저녁 메뉴는 참깨땅콩국수나 빵가루를 입힌 두부 요리일 때도 있었고, 내가 좋아하던 누들푸딩(유대식 냄비 구이 요리 - 역주)이나 아빠가 가장 좋아하셨던 비어캔치킨일 때도 있었다. 그 요리가 올라올 때면 우린 항상 캔 위에 똑바로 앉아 있는 닭의 몸통을 볼 수 있었다. 아빠가 그 모양이 무척 재미있다고 생각하셨기 때문이다. 식사 준비에서 내가 맡은 임무는 늘 같았다. 식사를 차릴 수 있게 식탁을 준비하거나 다 먹고 치우거나 아니면 샐러드를 만드는 것이었다. 나는 때때로 아침에 손쉽게 할 수 있는 오믈렛이나 팬케이크를 만들곤 했지만 부모님이 만드는 본격적인 요리를 배우는 데는 별 흥미가 없었다.

대학을 다닐 때는 형편이 좋지 않아 음식에 신경 쓸 수가 없었다. 값싸고 빠른 식사를 위해서 코스트코에서 커다란 박스째로 컵라면을 구입했던 기억이 난다. 카드에 포인트가 남아 있을 때면 학교 식당에서 접시가 넘치도록 음식을 담아 먹곤 했다. 대학 졸업 후 브루클린에서 돈을 벌기 시작했을 때는 항상 외식을 했다. 내가 사는 동네에서는 길 아래 몇 집만 건너가도 그다지 비싸지 않은 가격으로 이스라엘에서 베트남, 그리스까지 세계 미식여행이 가능했다. 몇 년 전 자동 음식주문 앱들이 생겨나고부터는 주문완료 버튼을 누르고 20분이 지나면 현관에서 음식을 받아볼 수 있었다. 적양배추 콜슬로(양배추를 잘게 썰어 새콤하게 절인 샐러드 - 역주)를 곁들인 팔라펠(병아리콩 또는 누에콩을 갈아 둥글게 빚어 튀긴 요리 - 역주), 매콤한 두부 반미(베트남식 빵 - 역주) 샌드위치 또는 속을 채운 포도잎과 레브니(요거트와 비슷한 중동 요리 - 역주)를 곁들인

커다란 중동식 샐러드와 같은 요리들을 말이다.

내가 음식에 흥미를 가지게 된 것은 약 7년 전, 이 시리즈의 첫 책인 《농장해부도감(Farm Anatomy)》을 집필하기 시작한 즈음부터였다. 이때부터 나는 육류 섭취를 중단하고 제철 과일과 채소에 좀 더 관심을 기울이게 되었다. 내가 사는 아파트 근처 그랜드 아미 플라자에 있는 농장가게에서 장을 보기 시작했으며 유기농 식품 그리고 지역생산 식품을 더 많이 구입했다. 이것은 직접 요리하는 경우가 더 많아졌거나 적어도 음식 준비를 거드는 일이 더 많아졌다는 뜻이다. 나는 전자레인지를 없애버리고 값비싼 고급 일제 식칼을 장만했다. 국제 요리센터에서 비건 요리수업을 들었고 몇 가지 기술을 배웠다. 사실 엄격하게 보면 기술적으로 그 요리를 비건 요리로 치기는 좀 그랬다. 요리를 하는 도중 실수로 내 손가락 일부를 재료와 함께 갈아버렸기 때문이다!

나는 아직 초보 요리사다. 하지만 미식 방면에 있어서는 결코 초보가 아니다. 그리고 이 책은 나에게 이 방면에서 더 나아가서 탐구할 수 있는 기회를 주었다. 나는 내가 그린 거의 대부분의 것을 맛보려고 시도했다. 다양한 아시안 마켓들을 가본 후 집에 돌아와서는 중국산 마 퓌레로 팬케이크를 만들고 진짜 신선한 와사비 뿌리를 갈았다. 용과와 키와노(horened melon)를 맛보았지만 두리안은 차마 먹을 수가 없었다. (대체 왜 그리 두리안 냄새로 야단법석을 떠는 건지 궁금해서 살짝 잘라 쪼개어보긴 했다. 시도해봤지만 아주 작은 조각 하나조차 얼굴 근처에도 가까이 할 수 없었다. 대신 신경질적으로 웃음을 터뜨리고 강력한 냄새에 헛구역질을 했다.)

이 책을 쓰면서 한 여행은 더 많은 요리들을 맛볼 수 있는 기회를 주었다. 암스테르담에서 여러 가지 치즈들을 맛보았는데 그중 일부는 수년 동안 벙커에서 숙성된 치즈였다. 거기에 우간다의 오래된 풍차 방앗간에서 양조된 맥주를 곁들였다. 아침식사로 쩌서 먹는 바나나인 마토케를 먹었고 롤렉스(차파티라는 인도의 밀가루 빵에 돌돌 말은 달걀 요리 - 역주)를 즐겼다. 핀란드에서 100년도 훨씬 더 된 전통 방식의 호밀 사워도우 빵 만드는 법을 배웠다. 가문비나무로 밀가루 반죽을 만드는 데 사용할 나만의 혼합 도구도 조각했다. 딸기 재배농장을 방문해서 이제까지 내가 맛본 중 최고로 달콤한 딸기를 따기도 했다.(볕 좋은 날이 오랫동안 지속되면 딸기가 정말 맛있게 익는다.) 겨울에는 눈 덮인 숲속을 헤매며 새해맞이를 위한 피자에 올릴 꾀꼬리버섯을 찾아 헤매기도 했다.

지난 추수감사절은 지금까지 살아온 날들 중 내가 요리사로서 가장 큰 성취를 이룬 날이다. 나는 부모님과 여동생을 브루클린의 내 작은 아파트에 초대해 명절을 축하했다. 집에 오시기 전 어머니는 전화선 너머로 간곡하게 말했다. "정말 확실한 거니? 칠면조가 없다고? 혹시 모르니 그냥 내가 한 마리 요리해서 가져가는 게 어떻겠니, 응?" 그래서 나는 어머니에게 아주 멋진 명절이 될 테니 걱정하지 마시라고 말씀드렸다. 사실 나 자신도 온전히 확신하진 못했으면서 말이다. 나는 코코넛밀크를 베이스로 한 렌틸콩 수프, 케일과 파로(와인의 일종 - 역주) 샐러드, 크리미 감자, 구운 단호박, 스리라차 소스를 입힌 방울다다기양배추로 구성한 메뉴를 준비했다. 기적적이게도 가족들의 입에서 나온 말은 "우와 이거 정말 진짜 맛있다" 그리고 "일반적인 추수감사절 음식보다 더 좋은데"였다.

나의 공동 집필 파트너는 레이첼 워튼(Rachel Wharton)이었다. 그녀는 미식 세계에 전문성을 갖추고 있어 내가 아직 배우는 중인 모든 지식들을 알려주었다. 그녀는 자신의 지식을 공유해주었고 알지 못하는 것은 따로 조사해주었다. 우리는 생각할 수 있는 모든 주제를 다루고자 했지만 늘 그렇듯 불가능한 일이었다. 이 책은 우리가 흥미를 갖고 수집하고, 그리고 싶다고 생각한 것들의 아주 작은 맛보기일 뿐이다. 이 책을 만들면서 얼마나 배가 고파졌는지 아마 상상도 못할 거다. 요리를 그리기 위해 내가 찍은 사진들이나 인터넷에서 검색한 이미지들을 보다 보면 바로 냉장고로 달려가서 그 음식을 재현해보려 했다. 참을 수 없을 정도로 구미가 당겨 어쩔 수 없었다. 책을 끝냈으니 이제 책을 만드는 동안 늘어난 체중을 뺄 수 있겠구나 싶어 신이 난다.

독자들이 더 많은 요리를 경험해볼 수 있도록 이 책이 영감을 주었으면 한다. 자신이 먹는 음식에 더 호기심을 갖고 더 많은 미식의 모험에 도전해보길. 나 역시 계속해서 그럴 테니까. 안녕!

*Julia Rothman*

줄리아 로스먼

GOUACHE シェルピンク SHELL PINK

GOUACHE アクアブルー AQUA BLUE

Kuuslahti Strawberry Farm in Rautalampi, Finland

WINSOR & NEWTON Designers Gouache

# 차례

머리말 · 5

## CHAPTER 1
## 미식에 관한 세계의 이모저모

먹거리의 놀라운 역사 · 16 | 알아두면 유용한 맛 표현과 관련된 용어 · 20 | 세계 각국의 재미있는 상차림 · 22 | 포크의 종류 · 26 | 스푼의 종류 · 27 | 세계 이곳저곳의 찬장 속 · 28 | 각국의 전통 오븐 · 32 | 연대별 스토브의 진화 · 34 | 냉장고에 관한 짧은 역사 · 36 | 발효 · 38

## CHAPTER 2
## 알고 먹으면 더 맛있는 과일과 채소

식탁에서 만날 수 있는 식물들 · 42 | 꽃식물의 먹을 수 있는 부위 · 43 | 과일에 관한 사실들 · 44 | 꽃은 어떻게 과일이 되는가 · 45 | 생산의 모체 · 46 | 채소의 어디를 먹을까? · 50 | 여러 가지 샐러리 · 51 | 잘 알려지지 않은 별미 채소들 · 51 | 다양한 열대 과일 · 52 | 베리류의 기본 · 54 | 나무 열매에 관한 용어 · 55 | 여러 종류의 바나나들 · 57 | 감귤류 · 58 | 놀라운 샐러드용 채소 · 60 | 유명한 곰팡이들 · 62 | 트러플 사냥꾼 · 63 | 얌 vs. 고구마 · 64 | 콩 · 65 | 셸 게임 · 66 | 견과의 맛 · 67 | 땅콩을 더한 음식들 · 68 | 세계의 호두까기 · 69 | 두부 만드는 법 · 70

## CHAPTER 3
## 곡식으로 만든 맛있는 것들

좋은 곡식들 · 74 | 옥수수 · 77 | 쌀의 종류 · 78 | 벼 재배 · 79 | 세계의 빵 · 80 | 도우를 굴려 만든 빵 · 82 | 핀란드 전통 호밀빵 만들기 · 84 | 호화로운 샌드위치 · 88 | 다양한 형태의 파스타 · 92 | 파스타 만들기 · 94 | 국수 만들기 · 96 | 아시아 국수 요리 · 98 | 우리 엄마표 누들푸딩 · 99 | 세계의 맛있는 만두 · 100 | 세계의 팬케이크 · 102

## CHAPTER 4
## 다양하게 맛보는 고기 요리

최상등급 고기 · 106 | 육류 조리법 · 108 | 가공육 요리들 · 110 | 다양한 소시지 · 112 | 도축 연장 · 113 | 세계의 고기 요리 · 114 | 5종의 멋진 식용 생선 · 116 | 생선 포 뜨는 법 · 118 | 최고봉 어란 · 119 | 그 밖의 해산물 · 120 | 알아두면 유용한 생선 손질 용어 · 122 | 해산물 조리도구 · 123 | 신선한 생선 · 124 | 흔히 먹는 조개들 · 125 | 초밥의 종류 · 126 | 초밥 메뉴 · 128 | 닭 한 마리 통째로 먹기 · 130 | 알아두면 유용한 가금류와 관련된 용어 · 131 | 주방의 감초, 달걀의 역할 · 132 | 즉석 달걀 요리 조리법 · 134

## CHAPTER 5

# 우유의 변신, 유제품

유제품의 평균 유지방 함유량 · 138 ┃ 알아두면 유용한 우유생산과 관련된 용어 · 139 ┃ 맛있는 유제품들 · 140 ┃ 쉽게 버터 만들기 3단계 · 142 ┃ 진짜 맛있는 버터밀크 팬케이크 · 143 ┃ 치즈 자르기 · 144 ┃ 치즈의 구조 · 145 ┃ 치즈 만들기의 기본 단계 · 146 ┃ 치즈의 종류 · 148 ┃ 미국 치즈 · 150 ┃ 치즈의 달인 · 151

## CHAPTER 6

# 그냥 지나칠 수 없는 길거리 음식

재미있는 이름의 식사 대용 간식들 · 154 ┃ 감자튀김에는 뭘 뿌려 먹을까? · 155 ┃ 핫도그 · 156 ┃ 꼬치구이를 먹는 5가지 방식 · 158 ┃ 푸드 트럭의 구조 · 159 ┃ 길거리에서 · 160 ┃ 피자, 피자! · 162 ┃ 타케리아에 가자! · 164

## CHAPTER 7

# 없으면 아쉬운 조미료와 향신료

6가지 최상의 향신료 배합 · 168 ┃ 끝내주게 매운 맛 · 171 ┃ 약간 달콤한 맛 · 172 ┃ 설탕 공장 · 174 ┃ 크리미 메이플 모카 푸딩 · 175 ┃ 올리브와 올리브 오일에 대하여 · 176 ┃ 겨자 · 178 ┃ 식초 만들기 5단계 · 179 ┃ 소금 · 180 ┃ 후추 · 181

## CHAPTER 8

# '마시자!' 커피에서 탄산음료, 와인까지

커피 · 184 ┃ 에스프레소 가이드 · 185 ┃ 흥미로운 차 이야기 · 187 ┃ 어디에 차를 끓일까? · 188 ┃ 세계의 티타임 · 189 ┃ 새콤달콤 다양한 레모네이드 · 190 ┃ 두 사람을 위한 님부 파니 만들기 · 191 ┃ 탄산음료 · 192 ┃ 발효주의 방정식 · 194 ┃ 와인 만들기의 기본 단계 · 196 ┃ 와인 시음회 · 198 ┃ 증류 · 199 ┃ 유리잔의 종류 · 200 ┃ 칵테일을 만드는 신기한 도구 · 201

## CHAPTER 9

# 각국의 달콤한 디저트

흔히 먹는 케이크 · 204 ┃ 알아두면 유용한 케이크 만들기와 관련된 용어 · 205 ┃ 아이스크림 주세요! · 206 ┃ 아이스크림선디의 종류 · 208 ┃ 쿠키 · 209 ┃ 초콜릿 만드는 법 · 210 ┃ 세계의 간식 · 212 ┃ 설탕 한 스푼 · 214 ┃ 홈메이드 버터스카치 소스 · 215 ┃ 사탕 · 216 ┃ 추억 속 사탕 가게에는 · 217 ┃ 페이스트리 · 218 ┃ 페이스트리 조리도구 · 219 ┃ 부드럽고 달콤한 세계의 간식 · 220 ┃ 아메리칸 파이 · 222 ┃ 도넛 · 223 ┃ 포춘 쿠키 · 224

감사의 말 · 226

수란과 아보카도로 차린 진짜 아침을 먹도록
가르쳐주고, 세계 최고의 렌틸콩 수프를 만들며,
피자도우를 프로처럼 공중에서 돌릴 수도 있고,
꾀꼬리버섯을 채집하기 위해 핀란드의 숲을
샅샅이 살피도록 나를 안내해주었던 써니에게.
그 모든 맛있는 모험들에 감사를 표하며

CHAPTER 1

미식에 관한
세계의
이모저모

남미에서 땅콩이 자랐다.

5500BCE

멕시코 오악사카에서는
호박을 재배했다.

80000
BCE

8000-
5000BCE

이라크 북부에 있는 샤니다르 동굴 거주인들의
유적에 야생 대추씨, 잣, 호두, 도토리,
밤의 고고학적 흔적이 남아 있었다.

페루 안데스에서는
감자(papas)를
심었다.

50,000BCE

# 먹거리의
# 놀라운 역사
. . . . . . . . . . . . . . . . . . . . . .

6000-
4000BCE

멕시코 오악사카에서는
고추를 재배했다.

멕시코와 다른 중미 지역에서
옥수수를 비롯하여 지금 우리가
알고 있는 다양한 옥수수의
원시품종 곡물류들이 재배되었다.

5000
BCE

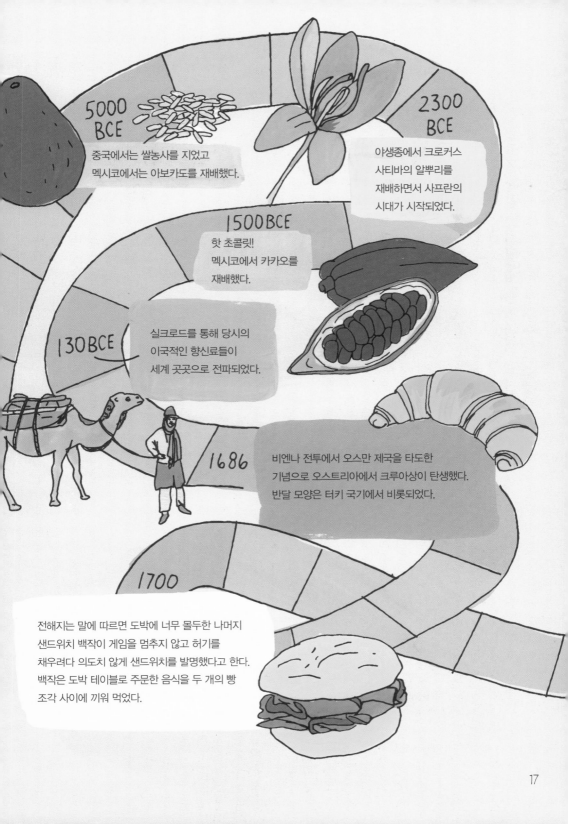

**5000 BCE**

중국에서는 쌀농사를 지었고 멕시코에서는 아보카도를 재배했다.

**2300 BCE**

야생종에서 크로커스 사티바의 알뿌리를 재배하면서 사프란의 시대가 시작되었다.

**1500 BCE**

핫 초콜릿! 멕시코에서 카카오를 재배했다.

**130 BCE**

실크로드를 통해 당시의 이국적인 향신료들이 세계 곳곳으로 전파되었다.

**1686**

비엔나 전투에서 오스만 제국을 타도한 기념으로 오스트리아에서 크루아상이 탄생했다. 반달 모양은 터키 국기에서 비롯되었다.

**1700**

전해지는 말에 따르면 도박에 너무 몰두한 나머지 샌드위치 백작이 게임을 멈추지 않고 허기를 채우려다 의도치 않게 샌드위치를 발명했다고 한다. 백작은 도박 테이블로 주문한 음식을 두 개의 빵 조각 사이에 끼워 먹었다.

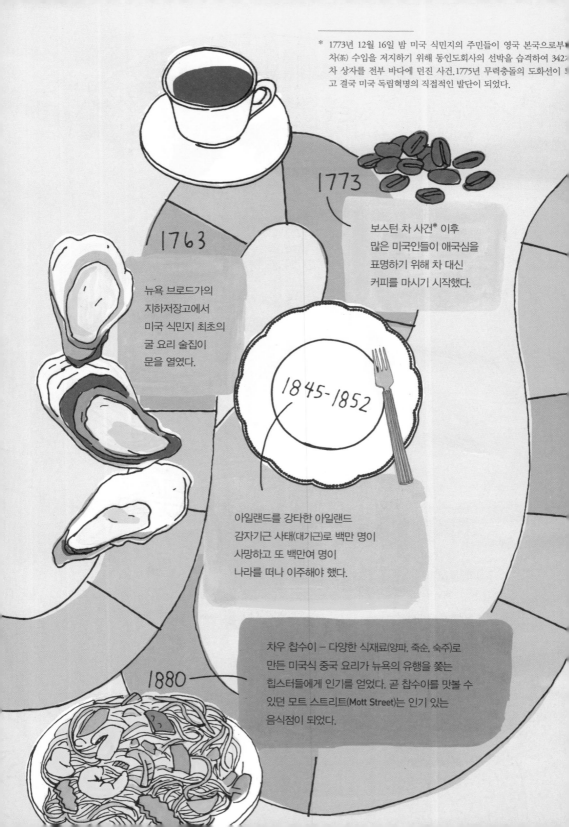

* 1773년 12월 16일 밤 미국 식민지의 주민들이 영국 본국으로부□
차(茶) 수입을 저지하기 위해 동인도회사의 선박을 습격하여 342□
차 상자를 전부 바다에 던진 사건.1775년 무력충돌의 도화선이 □
고 결국 미국 독립혁명의 직접적인 발단이 되었다.

1773

1763

보스턴 차 사건* 이후
많은 미국인들이 애국심을
표명하기 위해 차 대신
커피를 마시기 시작했다.

뉴욕 브로드가의
지하저장고에서
미국 식민지 최초의
굴 요리 술집이
문을 열었다.

1845-1852

아일랜드를 강타한 아일랜드
감자기근 사태(대기근)로 백만 명이
사망하고 또 백만여 명이
나라를 떠나 이주해야 했다.

차우 찹수이 – 다양한 식재료(양파, 죽순, 숙주)로
만든 미국식 중국 요리가 뉴욕의 유행을 쫓는
힙스터들에게 인기를 얻었다. 곧 찹수이를 맛볼 수
있던 모트 스트리트(Mott Street)는 인기 있는
음식점이 되었다.

1880

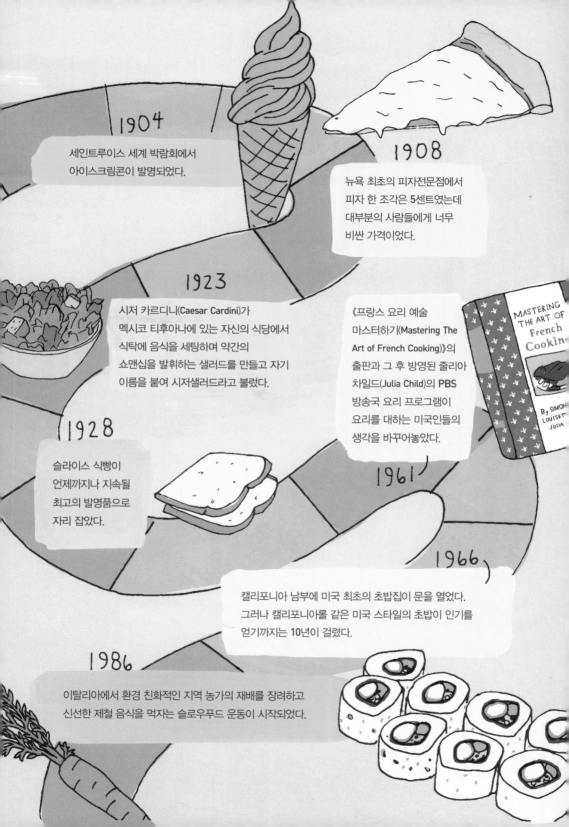

**1904**
세인트루이스 세계 박람회에서 아이스크림콘이 발명되었다.

**1908**
뉴욕 최초의 피자전문점에서 피자 한 조각은 5센트였는데 대부분의 사람들에게 너무 비싼 가격이었다.

**1923**
시저 카르디니(Caesar Cardini)가 멕시코 티후아나에 있는 자신의 식당에서 식탁에 음식을 세팅하며 약간의 쇼맨십을 발휘하는 샐러드를 만들고 자기 이름을 붙여 시저샐러드라고 불렀다.

《프랑스 요리 예술 마스터하기(Mastering The Art of French Cooking)》의 출판과 그 후 방영된 줄리아 차일드(Julia Child)의 PBS 방송국 요리 프로그램이 요리를 대하는 미국인들의 생각을 바꾸어놓았다.

MASTERING THE ART OF French Cooking

BY SIMONE LOUISETTE JULIA

**1928**
슬라이스 식빵이 언제까지나 지속될 최고의 발명품으로 자리 잡았다.

**1961**

**1966**
캘리포니아 남부에 미국 최초의 초밥집이 문을 열었다. 그러나 캘리포니아롤 같은 미국 스타일의 초밥이 인기를 얻기까지는 10년이 걸렸다.

**1986**
이탈리아에서 환경 친화적인 지역 농가의 재배를 장려하고 신선한 제철 음식을 먹자는 슬로우푸드 운동이 시작되었다.

# 알아두면 유용한
# 맛 표현과 관련된 용어

**acerbic (신맛)**  신맛, 떫은맛 또는 산도가 있는 풍미

**ambrosial (아주 맛 좋은)**  고대 그리스 로마 신화에 나오는 신들의 음식
암브로시아에 빗댄 표현으로 굉장히 만족스러운 맛과 향

**brackish (소금기 있는, 간간한)**  간간한 맛. 짭짤한 맛

**delectable (고소한)**  아주 맛있고 살짝 달콤한 맛

**dulcet (감미로운)**  부드럽게 달콤함

**fetid (악취가 나는)**  불쾌하고 몹시 구린 냄새

**flavor (풍미)**  코와 입으로 느낄 수 있는 맛.
질감과 향이 어우러진 감각

**gamy (고기 냄새)**  사냥 고기의 풍미나 향. 보통 살짝 시간이
경과해서 부패가 시작된 향미를 말함

**heat (매운 맛 정도)**  음식에 들어간 향신료의 양이나 매운 정도를 지칭함

**mature(숙성된)** 완전히 숙성된 또는 원하는 맛을 내는

**palatable(맛 좋은)** 괜찮은 맛. 특별히 엄청나게 맛있지는 않지만
나쁘지 않은 맛

**piquant(톡 쏘는 맛)** 매콤하고 혀를 날카롭게 자극하는 짜릿한 맛

**rich(풍부한)** 맛이 풍부하고 꽉 찬, 무게감이 있고 탄탄한 맛.
보통 버터가 듬뿍 들어간 맛을 표현할 때 자주 쓰임

**saccharine(사카린)** 지나치게 달콤한 맛
또는 시럽 같은 맛

**sharp(톡 쏘는)** 강한 쓴맛

**toothsome(구미가 당기는)** 식욕을 자극하면서 대체로 맛있고,
건강하며 신선한 느낌을 지칭

**umami(감칠맛)** 단맛, 신맛, 쓴맛, 짠맛과 더불어 다섯 가지 기본적인 맛
중 하나로 혀에 기분 좋게 감기는 (고기 베이스의)
향긋한 풍미

**unctuous(느끼한)** 미끈한 느낌이 강한 기름기 도는 맛

**woodsy(나무 풍미)** 진흙, 토목, 마른 잎, 버섯 향의 풍미

# 세계 각국의 재미있는 상차림

## 격식을 차린 미국식 상차림

왼쪽에는 식기를 오른쪽에는 음료 잔을 둔다. 그리고 접시에서 가장 멀리 놓인 포크, 나이프 또는 스푼부터 사용하도록 한다.

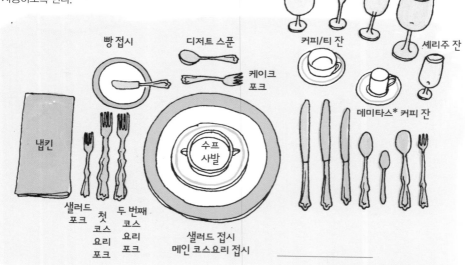

물 잔
샴페인 잔
화이트 와인 잔
레드 와인 잔

빵 접시
디저트 스푼
케이크 포크

커피/티 잔
셰리주 잔

냅킨

데미타스* 커피 잔

수프 사발

샐러드 포크
첫 코스 요리 포크
두 번째 코스 요리 포크

샐러드 접시
메인 코스요리 접시

\* 농도가 아주 진한 커피인 에스프레소 전용 잔

## 중국식 상차림

접시에 음식을 조금 남겨두는 것은 만찬을 주관한 집주인이 푸짐하게 요리를 대접했다는 걸 표시하는 예절이다.

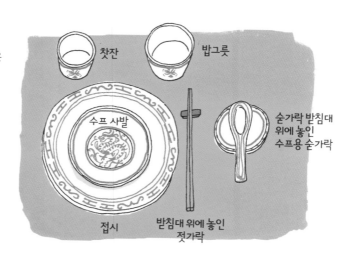

찻잔
밥그릇

수프 사발

숟가락 받침대 위에 놓인 수프용 숟가락

접시
받침대 위에 놓인 젓가락

# 일본식 상차림

그릇 가득 음식을 담지 않고
조금씩만 담아 그릇 자체의
디자인을 가리지 않게 한다.
젓가락은 식사하는 사람의 바로
앞에 놓는다. 요리 자체에서는
색의 균형과 요리 기술, 오감(단맛, 짠맛,
신맛 등)을 항상 고려해야 한다.

츠케모노
(채소를 소금, 쌀겨, 된장 등에 절인 것)

반찬

주요리
(고기, 생선 또는 두부)

밥

국

**이치주 산사이**
(일본 식사의 기본 식단인, 국 하나와 반찬 세 가지로 구성된 상차림)

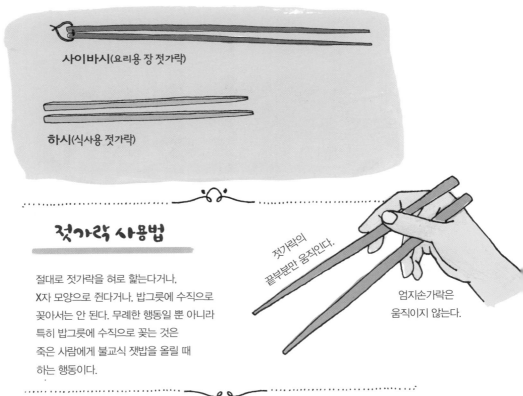

**사이바시**(요리용 장 젓가락)

**하시**(식사용 젓가락)

# 젓가락 사용법

절대로 젓가락을 혀로 핥는다거나,
X자 모양으로 쥔다거나, 밥그릇에 수직으로
꽂아서는 안 된다. 무례한 행동일 뿐 아니라
특히 밥그릇에 수직으로 꽂는 것은
죽은 사람에게 불교식 잿밥을 올릴 때
하는 행동이다.

젓가락의
끝부분만 움직인다.

엄지손가락은
움직이지 않는다.

냅킨

포크

접시

스푼

# 태국식 상차림

포크는 주 식사도구인 스푼 위로 음식을
올리는 용도로만 사용한다. 연장자가 먼저
먹기 시작하며 식사는 항상 나누어 먹는다.
아무리 음식이 맛있더라도 조금씩
음식을 남겨 충분히 대접받았음을 알린다.

# 한식 상차림

전통적인 식사에는 절인 채소 또는 김치 등의 '반찬'이 포함된다.
식사하는 사람들은 대개 각자 밥그릇이 있고, 자신의 숟가락과 젓가락을
사용해 식탁에 차려진 작은 반찬 접시들에서 각자 음식을 덜어 먹는다.

# 인도/네팔식 상차림

## 탈리(정식)

전통적으로 음식은 오른손으로만 먹는다.
왼손을 사용하는 것은 불결하게
여겨진다. 이는 인도의 일반적인
관습이고 중동 일부 지역이나 아프리카의
일부 국가들에서도 행해진다.

쟁반

카토리 접시

어떤 가족들은 바닥에
둘러앉아 커다란
바나나 잎에 모든
음식을 조금씩 덜어
담아 먹는다.

바나나 잎

## 손가락을 사용해 식사하는 법

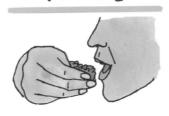

- 오른손만을 사용한다.

- 손바닥이 아니라 손가락만을 사용한다.

- 엄지손가락을 사용해 음식을 입에 밀어 넣는다.

- 엄지손가락과 손가락을 사용해 빵을 뜯는다.

  (이때에도 오른손만을 사용한다.)

25

# 포크의 종류

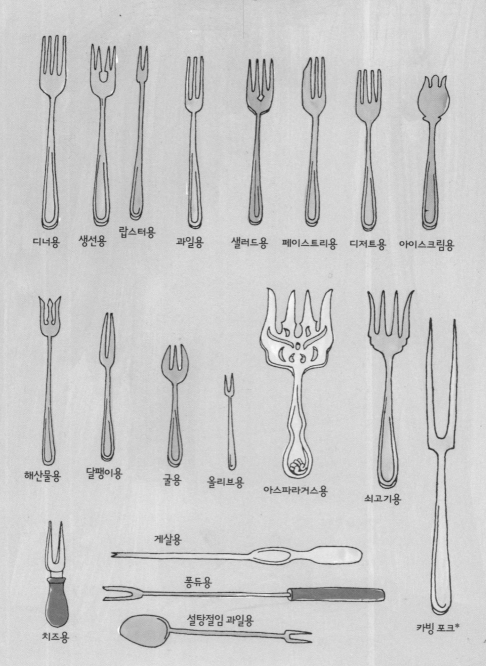

디너용　생선용　랍스터용　과일용　샐러드용　페이스트리용　디저트용　아이스크림용

해산물용　달팽이용　굴용　올리브용　아스파라거스용　쇠고기용

치즈용

게살용

퐁듀용

설탕절임 과일용

카빙 포크*

* 고기를 썰 때 움직이지 않게 잡아주는 포크

# 스푼의 종류

프렌치 소스용

자몽용

아이스티용

디저트용

테이블용

티용

부용*용

올리브 스푼

바 스푼

모트 스푼**

데미타스용

압셍트 스푼

캐비어용

서빙용

국자

차통용***

스틸턴 치즈용

중국식 수프용

밥주걱

---

\* 맑은 수프나 소스용으로 사용하는 고기 또는 채소 육수
\*\* 차를 걸러내는 데 쓰는 구멍 난 스푼
\*\*\* 잎차 보관을 위한 전용 상자(tea caddy) 스푼

# 세계 이곳저곳의 찬장 속

**대나무 그물국자**

아시아

끓는 물이나 기름에서 음식을 건져내는 데 사용

**오로시가네**

일본

와사비 뿌리를 가는 강판

**라이**

인도

라씨를 만드는 데 사용하는 믹서

**뚝배기**

한국

찌개나 찜, 탕을 조리하는 데 사용하며 비빔밥에도 흔히 사용

**차파티 타와**

인도

납작한 빵을 만드는 데 사용하는 요리용 번철

**토르티야 프레스**

멕시코

옥수수 토르티야 반죽을 납작하게 만드는 데 사용

## 실 바타
### 인도

렌틸콩을 가는 용도로,
처트니*나 마살라**를 만들 때 사용

## 슈페츨레*** 메이커
### 독일

국수 · 경단 요리인 슈페츨레를
만드는 데 사용

## 에이블스키버 팬
### 덴마크

둥근 모양의 덴마크 전통 팬케이크
에이블스키버를 만드는 팬

## 우로코토리　일본

생선 비늘을 벗기는 데 사용

## 포론
### 스페인

와인을
마시는 데 사용하는
유리 술병

## 펠메니 메이커

### 러시아

러시아식 만두 펠메니를
만드는 틀

---

\*　과일이나 채소에 향신료를 넣어 버무린 인도의 소스
\*\*　인도 요리에 사용하는 혼합 향신료
\*\*\*　독일 슈바벤 지방의 전통음식으로 묽은 반죽을 작은 구멍 사이로 통과시켜 바로 끓여 만드는 국수

**카라히** 인도

스튜를 만드는 데 사용

**몰리니요**

멕시코

핫 초콜릿처럼 뜨거운 음료를
만드는 데 사용하는 거품기

**타진 냄비**

남아프리카

풍미 있는 스튜 타진을
만드는 데 사용

**퐁듀 냄비**

스위스

치즈를 녹여 빵을
찍어 먹기 위한 냄비

**카놈 독 부아 틀**

라오스

연꽃 모양의 쿠키 틀

**파에예라** 스페인

스페인을 대표하는 요리로 고기나
해산물을 듬뿍 곁들인 스페인식 볶음밥
파에야를 만드는 데 사용

## 가츠오부시 케즈리키
### 일본

가츠오부시*의 말린 토막을 얇게 깎아내는 데 사용하는
것으로, 얇게 저며진 살이 서랍식 통에 모인다.

_____

\* 가다랑어를 삶아 훈연한 후 곰팡이를 피워 만든 식재료

## 파카드

데키같이
뜨거운 냄비를
집는 데 사용

## 후아드
### 태국

찹쌀을 찌는 찜기

## 데키    인도

카레를 만드는 데 사용하는 작은 솥.
둥근 모양이 음식의 온기를 지켜준다.

## 마키야키나베
### 일본

오믈렛을 만드는 팬

# 각국의 전통 오븐

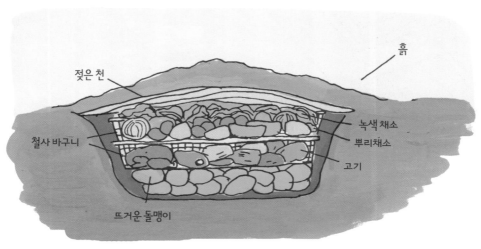

젖은 천

흙

녹색 채소

뿌리채소

고기

철사 바구니

뜨거운 돌맹이

## 항이

마오리족(뉴질랜드 원주민)의 전통적인 구덩이 오븐이다. 땅속에 달군 돌을 넣고 고기와 채소가 담긴 바구니를 얹은 후 젖은 천 위로 흙을 두텁게 덮어 요리한다.

## 호르노

벌집 모양의 야외 아도베(햇볕에 말린 점토) 진흙 오븐은 여전히 인디언들이 빵과 고기를 요리하고 옥수수를 찌는 데 쓰이고 있다.

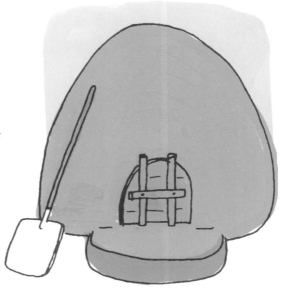

## 초르코

연료로 나무를 때는 이 직사각형 모양의 가나 전통
오븐은 불을 때는 장작 위에 그물망 틀을 놓고
그 위에 주로 생선을 얹어 훈제한다.

## 나폴리탄

돌과 벽돌로 지은 반구형 오븐으로
나무나 석탄을 땔 때 사용한다.
역사로 보면 로마 제국, 어쩌면 그보다
더 이전으로까지 거슬러 올라간다.
현재까지 피자를 만드는 데
사용되고 있다

## 탄두르

인도 전통 오븐인 푼자비 탄두르는 진흙으로 된 원통형 용기로,
때로 일부를 땅에 파묻기도 한다. 보통 난이나 로티 같은
납작한 빵을 굽는 데 사용된다. 생 반죽을 오븐
안쪽에 붙이고 다 익으면 떼어낸다.

# 연대별 스토브의 진화

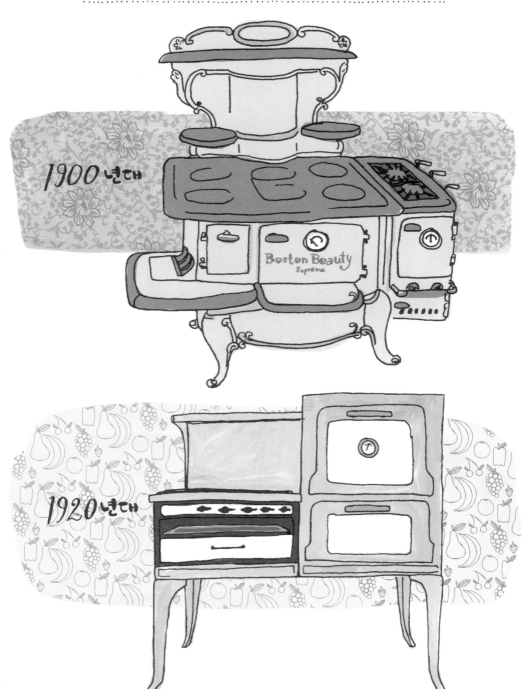

1900년대

1920년대

1940 년대

1970 년대

# 냉장고에 관한 짧은 역사

현대의 냉장고는 화학 용매와 전기를 사용하여 음식을 얼리거나 시원하게 한다.
하지만 지금의 방식이 있기 훨씬 이전부터 음식을 차게 보관하기 위해
여러 가지 방법들을 사용했다.

## 얼음 자르기

19세기에는 겨울 동안 얼어붙은 호수나 연못에서
톱으로 자른 얼음을 사람들이 직접 또는 말을
이용해 날랐다. 얼음 덩어리들은 집게로 들어 올려
얼음 저장고로 운반한 후 아이스박스에 개별로 보관했다.

## 얼음 저장고

얼음 저장고는 벽에 짚과 톱밥으로
단열 처리하고 건물의 일부가 땅 밑으로
들어가게 지어 여름 동안 얼음
덩어리들을 보관하는 데 사용했다.

## 쿨가디 세이프

1890년대에 발명되어 골드러시 때 금광 지명에서
이름을 따 붙였다. 찬장의 벽은 올이 굵은 삼베로 되어 있다.
물 저장고에서 물이 떨어져 찬장 벽을 적시고 천을 적신 물이
증발하며 찬장 내부를 시원하게 유지하는 원리다.

## 아이스박스

1920년대 가정용 냉장고가 도입되기 이전에는
아이스박스로 음식을 시원하게 저장했다.
단열처리 된 찬장 한 칸에는 얼음 덩어리를,
다른 칸에는 음식을 보관했다. 얼음이 녹으면서
찬장의 모든 칸이 차가워진다.

## GE사의 모니터 탑

세계 최초로 대중적 인기를 얻은 가정용 냉장고는
제너럴일렉트릭(GE)의 모니터 탑이었다. 음식을 차게
유지하는 용매로 유독성이 있는 아황산가스가 사용되었다.
1930년대 프레온을 냉매로 사용하는 냉장고가 나오면서
기술적으로 더 안전하게 사용할 수 있게 되었고,
냉장고 보급은 더욱 확산되었다.

# 발효

· · · · · · · · · · · · · · · · · · · · ·

발효는 세균과 이스트로 물질 성분이 화학적으로 분해 및 변화하는 것을 말한다.
종종 발효로 거품이 부글대거나 열이 발생하지만, 운이 좋으면 아주 훌륭한 음식과
음료가 만들어진다. 발효는 자연적으로 일어나지만 발효 과정과 미생물 통제로
풍미에 영향을 줄 수 있다.

스위스 치즈

와인

식초

맥주

요거트

간장

피클

김치

사이더

미소된장

살라미

사우어 크라우트*

템페**

사워도우 빵***

---

\*　　소금에 절인 독일식 양배추 김치
\*\*　　인도네시아의 자바섬에서 예부터 식용해온 대두 발효 식품
\*\*\*　천연발효 빵

인류는 신석기 시대부터 발효 음식과 음료를 만들어왔다.
유적들은 초기 문명인들이 이미 **8000년** 전에 맥주와
와인을 만들었고, 빵은 그보다 이전부터
만들어졌을 가능성을 보여준다.

**BCE 4200년의 와인 용기**

발효는 원재료의 맛을 변화시킬 뿐 아니라
음식을 보존해준다. 통조림 기술이나
냉동이 가능하기 이전 시대에 발효는
매우 중요했다. 그 때문에 어떤 이들은
발효를 '통제된 부패 과정'이라고 한다.

20세기에 제빵용 이스트(효모)가 보급되기 이전
요리사들은 맥주 양조업자에게 효모를 구입하거나
사워도우 종에서 직접 야생 효모를 배양했다.
사워도우 빵이 오늘날까지 특별한 것은 이 때문이다.
야생 효모는 항상 일정한 맛을 내는 제빵용 이스트와는
달리 지역마다 고유의 독특한 풍미를 만들어낸다.

발효 식품들은 유산균이 많다!
우리 신체는 이 유익한 세균
없이는 살 수 없다.

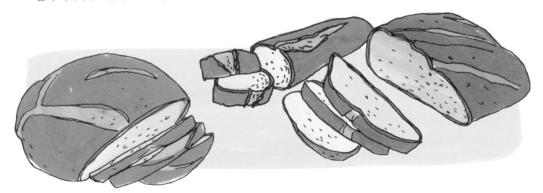

CHAPTER 2

알고 먹으면
더 맛있는
과일과 채소

# 식탁에서 만날 수 있는 식물들

식물에는 크게 4가지 과가 있다.

## 이끼 및 우산이끼군

맛이 없다고는 하지만 이끼류는
대부분 먹을 수 있다.

스페인이끼
(*Spanish Moss*)

참나무이끼
(*Oak Moss*)

순록이끼
(*Reindeer Moss*)

## 침엽수

맛있는 잣과 어린 솔잎은 풍미를 내기 위한
허브처럼 쓰인다.

## 고사리

돌돌 말린 어린 고사리 순은 봄의 특미다.

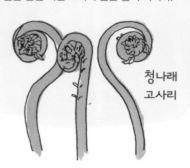

청나래
고사리

레몬나무

## 꽃식물

우리가 먹는 대부분의 과일과
채소는 꽃식물이다.

# 꽃식물의 먹을 수 있는 부위

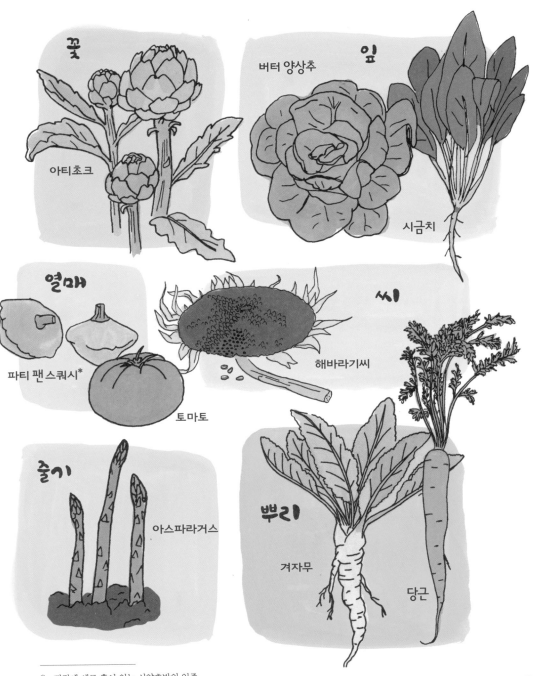

꽃
아티초크

잎
버터 양상추
시금치

열매
파티 팬 스쿼시*
토마토

씨
해바라기씨

줄기
아스파라거스

뿌리
겨자무
당근

---

* 껍질에 세로 홈이 있는 서양호박의 일종

# 과일에 관한 사실들

요리사들은 꽃식물의 세계를 달콤한 과일과 그 외 대부분을 차지하는 채소로 나눈다.
하지만 식물학자들의 말에 따르면, 과일을 정의하는 기준은 맛이 아니라 기능이라고 한다.
과일이란 씨를 품은 식물의 농익은 씨방인 것이다.

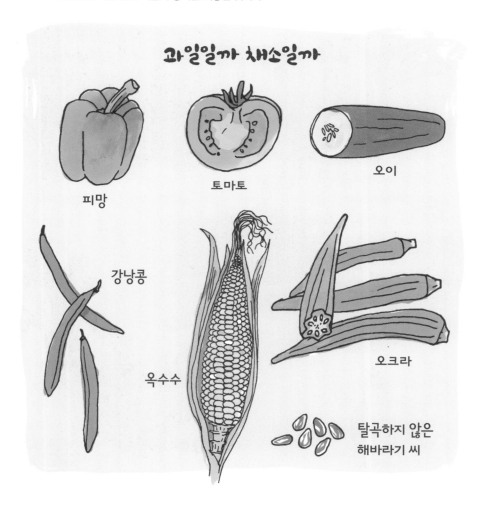

## 과일일까 채소일까

피망

토마토

오이

강낭콩

옥수수

오크라

탈곡하지 않은
해바라기 씨

그러나 혼란스럽게도 1883년 관세법 이후 미국에서 법적으로 토마토와 오이, 강낭콩, 완두콩은
채소로 분류되었다. 1947년 법령에 따라 루바브(대황)는 과일로 분류되었는데 말이다.

# 꽃은 어떻게 과일이 되는가

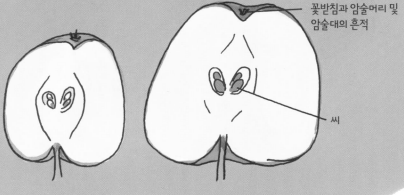

암술머리
암술대
수술
꽃잎
꽃받침
씨방

꽃받침과 암술머리 및
암술대의 흔적

씨

# 생산의 모체

고대부터 인류는 재배하는 과일과 채소의 특정 품질을 조정하기 위해 선별적으로 농사를 지어왔다. 현대에 와서는 농업의 기술과학이 이 과정을 대신하고 있다. 우리는 매년 식탁에 오르는 음식의 차이를 거의 느끼지 못하지만, 일반적으로 알고 있는 생산물들은 수세기에 걸쳐 원형을 거의 찾아볼 수 없을 정도로 엄청난 변화를 겪었다.

## 원래의 복숭아

역사학자들은 본디 복숭아는 렌틸콩 같은 맛이 났으며 왁스처럼 매끈한 껍질에 과육보다 씨가 더 컸다고 한다. 이러한 복숭아를 중국 농부들이 오늘날 우리가 아는 그 과즙이 많고, 텁텁하며 달콤한 과일로 바꾸어놓았다.

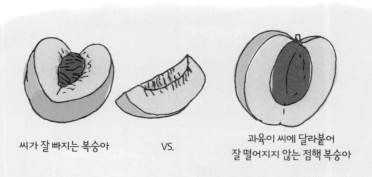

씨가 잘 빠지는 복숭아     VS.     과육이 씨에 달라붙어
잘 떨어지지 않는 점핵 복숭아

씨가 잘 빠지는 복숭아는 과육이 씨에서 쉽게 분리된다.
하지만 점핵 복숭아는 과육이 씨에 달라붙어 통조림을
만들거나 냉동보관하기가 비교적 더 어렵다.

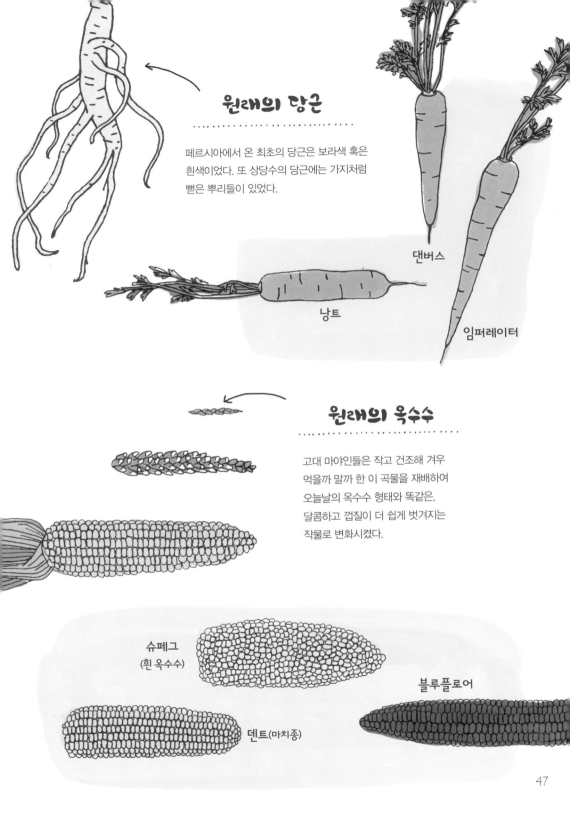

# 원래의 당근

페르시아에서 온 최초의 당근은 보라색 혹은 흰색이었다. 또 상당수의 당근에는 가지처럼 뻗은 뿌리들이 있었다.

댄버스

낭트

임퍼레이터

# 원래의 옥수수

고대 마야인들은 작고 건조해 겨우 먹을까 말까 한 이 곡물을 재배하여 오늘날의 옥수수 형태와 똑같은, 달콤하고 껍질이 더 쉽게 벗겨지는 작물로 변화시켰다.

슈페그
(흰 옥수수)

블루플로어

덴트(마치종)

# 원래의 수박

원래 보츠와나와 나미비아에서 유래된 수박은 훨씬
더 작고 씁쓸했다. 반면 오늘날 수박은 크기가 훨씬
커진 데다 쪼개기는 더 쉬워졌다. 최근에는 씨가 없는
수박 등 다양한 품종이 개발되고 있다.

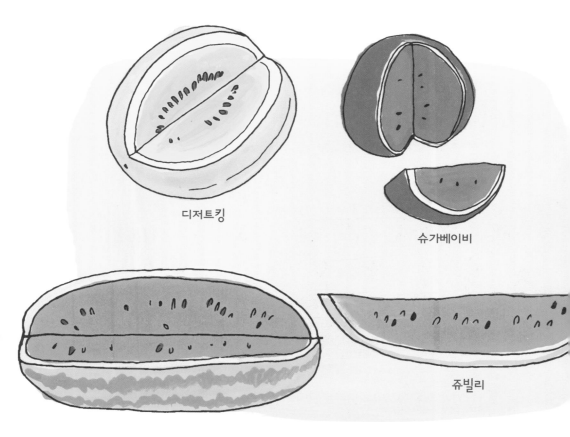

디저트킹

슈가베이비

쥬빌리

# 망고 자르는 법

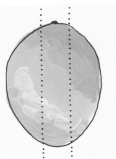

1. 과육을 많이 남기기 위해 최대한 씨에 가깝게 양면을 자른다.

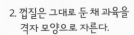

2. 껍질은 그대로 둔 채 과육을 격자 모양으로 자른다.

3. 안팎을 뒤집어 큐브 모양의 과육을 잘라내고, 씨에 붙은 과육까지 잘라낸다.

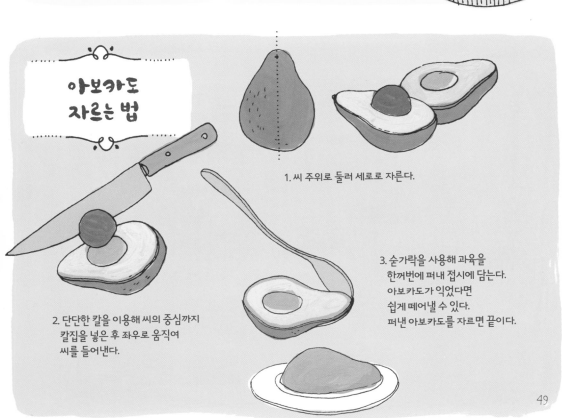

# 아보카도 자르는 법

1. 씨 주위로 둘러 세로로 자른다.

2. 단단한 칼을 이용해 씨의 중심까지 칼집을 넣은 후 좌우로 움직여 씨를 들어낸다.

3. 숟가락을 사용해 과육을 한꺼번에 퍼내 접시에 담는다. 아보카도가 익었다면 쉽게 떼어낼 수 있다. 퍼낸 아보카도를 자르면 끝이다.

브로콜리

케일

방울다다기
양배추

줄기와 꽃

잎

곁눈

봉우리

## 채소의 어디를
## 먹을까?

흔히 배추과 혹은 겨자과로도 불리는
십자화과 채소들은 각각 다른
부분을 먹기 위해 재배한다.

양배추

줄기

꽃송이

콜리플라워

콜라비

# 여러 가지 샐러리

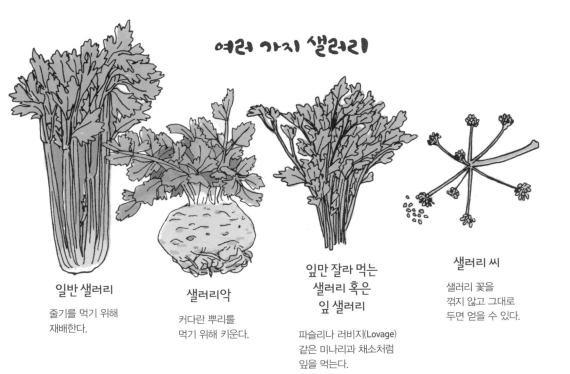

**일반 샐러리**

줄기를 먹기 위해
재배한다.

**샐러리악**

커다란 뿌리를
먹기 위해 키운다.

**잎만 잘라 먹는
샐러리 혹은
잎 샐러리**

파슬리나 러비지(Lovage)
같은 미나리과 채소처럼
잎을 먹는다.

**샐러리 씨**

샐러리 꽃을
꺾지 않고 그대로
두면 얻을 수 있다.

# 잘 알려지지 않은 별미 채소들

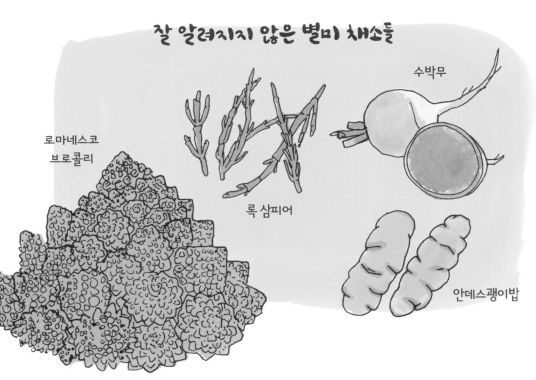

로마네스코
브로콜리

록 삼피어

수박무

안데스괭이밥

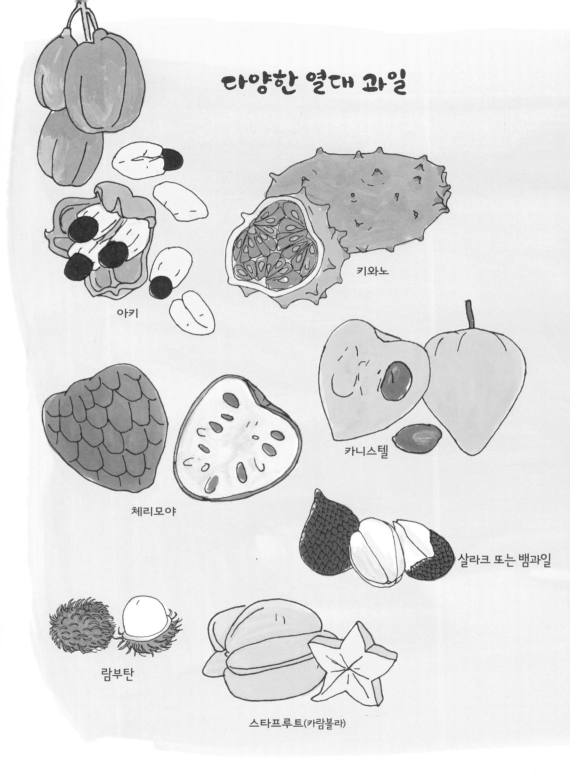

# 다양한 열대 과일

아키

키와노

체리모야

카니스텔

살라크 또는 뱀과일

람부탄

스타프루트(카람볼라)

52

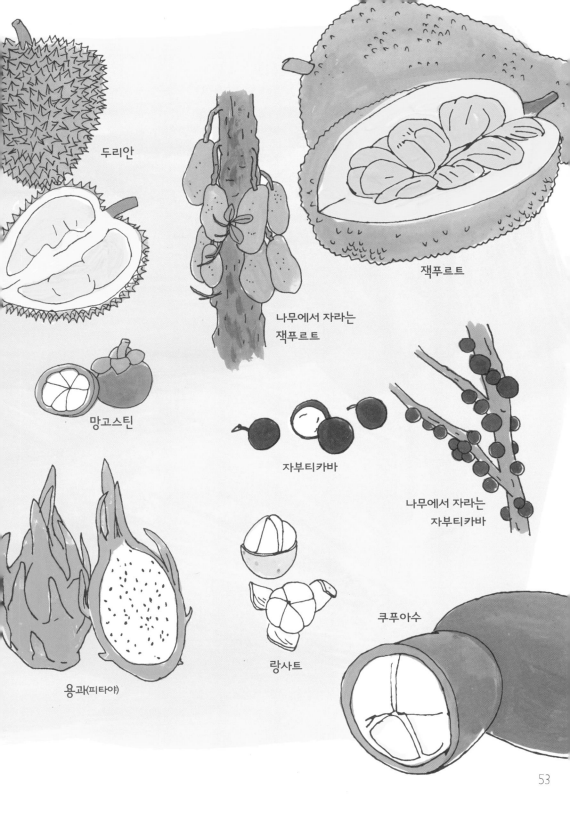

두리안

나무에서 자라는
잭푸르트

잭푸르트

망고스틴

자부티카바

나무에서 자라는
자부티카바

쿠푸아수

용과(피타야)

랑사트

# 베리류의 기본

식물학적으로 모든 산딸기류 열매들은 과일이지만, 그 모두가 딸기는 아니다.

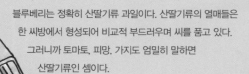

블루베리는 정확히 산딸기류 과일이다. 산딸기류의 열매들은
한 씨방에서 형성되어 비교적 부드러우며 씨를 품고 있다.
그러니까 토마토, 피망, 가지도 엄밀히 말하면
산딸기류인 셈이다.

**블루베리류**

단면

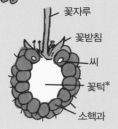

꽃자루
꽃받침
씨
꽃턱*
소핵과

## 라즈베리

블랙베리와 라즈베리는 집합과일이다.
다수의 씨방이 한데 모여 있다는 의미다.

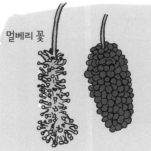

멀베리 꽃

## 멀베리

멀베리는 다화과로, 수많은 꽃들이
함께 자란다.

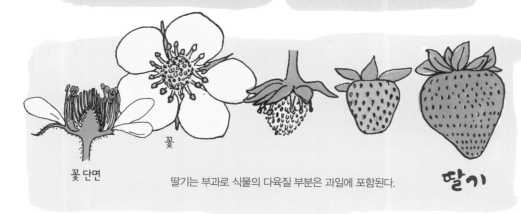

꽃 단면

꽃

딸기는 부과로 식물의 다육질 부분은 과일에 포함된다.

**딸기**

---

\* 줄기에 꽃잎, 꽃받침 등 꽃의 모든 기관이 달리는 부위

# 베리 이름 알아보기

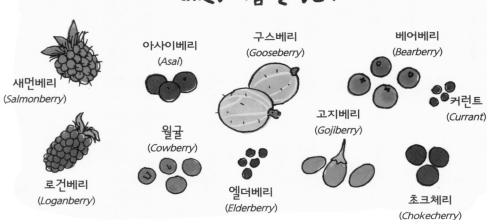

새먼베리
(Salmonberry)

아사이베리
(Asai)

구스베리
(Gooseberry)

베어베리
(Bearberry)

커런트
(Currant)

월귤
(Cowberry)

고지베리
(Gojiberry)

로건베리
(Loganberry)

엘더베리
(Elderberry)

초크체리
(Chokecherry)

# 흔하지만 잘 알려지지 않은
# 나무 열매에 관한 용어

## 핵과

코코넛, 올리브, 복숭아, 자두 및 산딸기류는 씨 하나가
단단한 층으로 둘러싸인 과일이다. 그래서 흔히
석과라고도 한다.

체리 단면

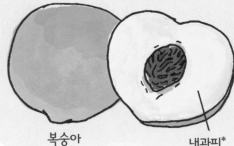

복숭아

내과피*

씨

## 이과
## (배꼽열매)

사과나 배 같은 이과는 목질 핵이
과육과 씨를 분리한다.

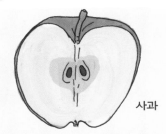

사과

_____
* 열매 껍질 중 가장 안쪽 층

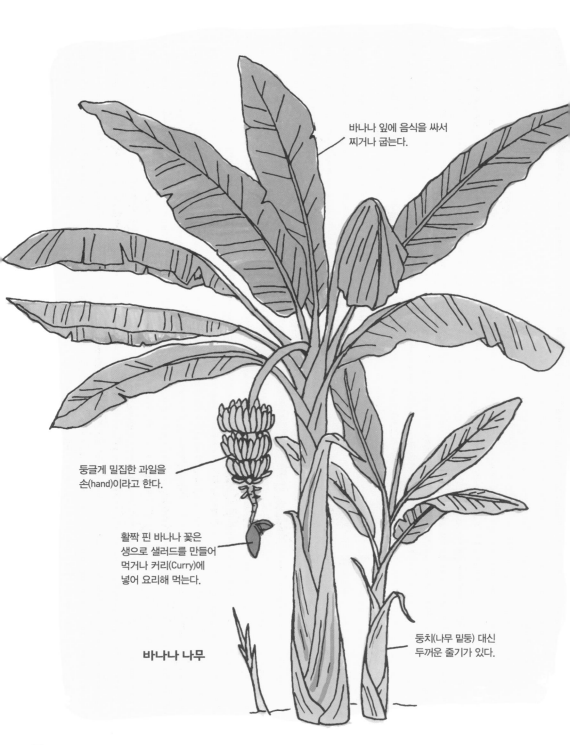

바나나 잎에 음식을 싸서
찌거나 굽는다.

둥글게 밀집한 과일을
손(hand)이라고 한다.

활짝 핀 바나나 꽃은
생으로 샐러드를 만들어
먹거나 커리(Curry)에
넣어 요리해 먹는다.

둥치(나무 밑둥) 대신
두꺼운 줄기가 있다.

**바나나 나무**

# 여러 종류의 바나나들

보통 미국인들은 한 종류의 바나나만 먹는다.
하지만 바나나에도 여러 종류가 있다. 새콤한 사과 향이
나는 뭉툭한 품종의 바나나 혹은 연분홍색 과육에
껍질이 붉은 바나나도 있다. 튀겨먹는 전분질 플랜틴
바나나도 빼놓을 수 없다. 덜 익었을 때는
토스톤*이라 불리는 바나나 칩을 만든다.

---

\* 얇게 썰어 튀긴 멕시코의 플랜틴 요리

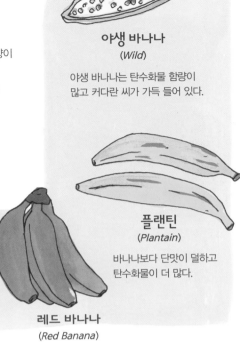

## 야생 바나나
(Wild)

야생 바나나는 탄수화물 함량이
많고 커다란 씨가 가득 들어 있다.

## 플랜틴
(Plantain)

바나나보다 단맛이 덜하고
탄수화물이 더 많다.

## 애플 바나나(라툰단 바나나)
(Apple Banana or Latundan)

## 레드 바나나
(Red Banana)

# 흥미로운 바나나 요리

## 풀룻 인티
말레이시아

바나나 잎에 찹쌀을 싸서
달콤한 코코넛으로
토핑한 디저트

## 아라티카야 베프두
남인도

깍둑썰기한 플랜틴에
향신료를 곁들여
튀겨낸 요리

차파티 빵

## 마토케
우간다/르완다

으깬 바나나

# 감귤류
........................

## 원종

식물학자들은 모든 감귤류가
아래 네 가지 고대 야생 감귤류에서 전해 내려왔다고 믿는다.

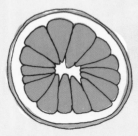

**포멜로**\*(중국자몽)
(Pomelo)

**파페다**
(Papeda)

쌉쌀한 맛이 나는
몇 안 되는 원시 종의 총칭

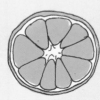

**만다린**
(Mandarin)

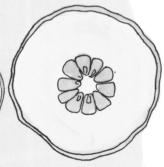

**시트론**
(Citron)

## 특이한 혼종들

오늘날 우리가 먹는 대부분의 감귤류 과일은 자연적이거나
인공 교배 혹은 서로 다른 두 가지 과일을 접붙여 생긴 것이다.
식물학자들은 종종 혼종 식물의 학명에 'X'를 사용해 두 가지
다른 과일이 섞였다는 사실을 나타낸다.

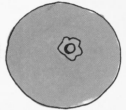

**시쿠아사**(히라미레몬)
(Shikuwasa or Hirami Lemon)

감귤류 x 디프레사
(Citrus x Depressa)

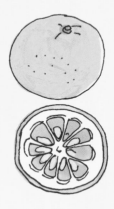

**유자**(Yuzu)

의창지 x 밀감
(Citrus Inhangenis x Reliulata)

---

\* 운향과에 속하는 나무 열매로 자몽과 비슷하게 생긴 감귤류의 주 원종 중
하나이며 샐러드, 음료, 마멀레이드 등의 재료로 쓰인다.

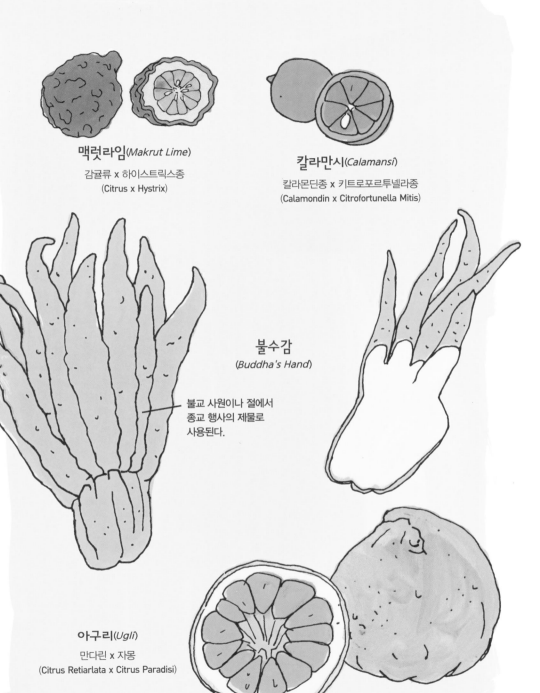

**맥럿라임**(*Makrut Lime*)

감귤류 x 하이스트릭스종
(Citrus x Hystrix)

**칼라만시**(*Calamansi*)

칼라몬딘종 x 키트로포르투넬라종
(Calamondin x Citrofortunella Mitis)

불수감
(*Buddha's Hand*)

불교 사원이나 절에서
종교 행사의 제물로
사용된다.

**아구리**(*Ugli*)

만다린 x 자몽
(Citrus Retiarlata x Citrus Paradisi)

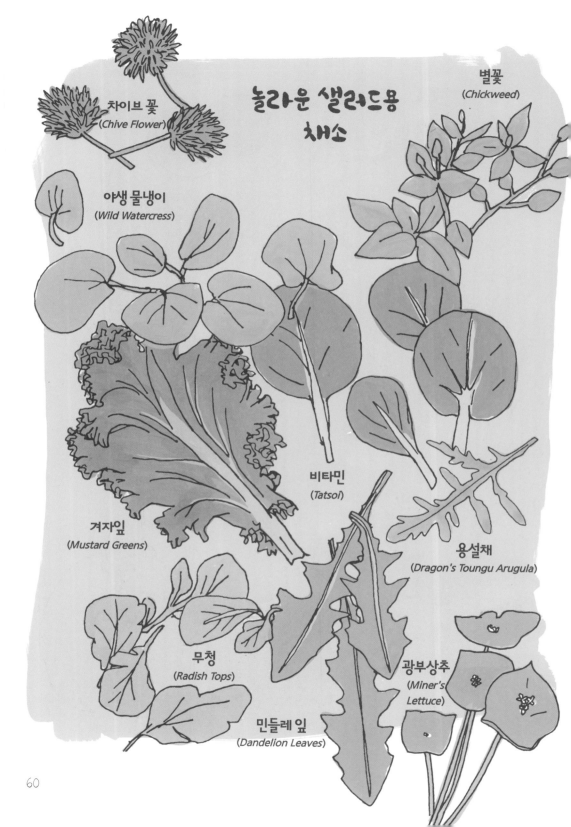

놀라운 샐러드용
채소

차이브 꽃
(Chive Flower)

별꽃
(Chickweed)

야생 물냉이
(Wild Watercress)

겨자잎
(Mustard Greens)

비타민
(Tatsoi)

용설채
(Dragon's Toungu Arugula)

무청
(Radish Tops)

광부상추
(Miner's
Lettuce)

민들레 잎
(Dandelion Leaves)

60

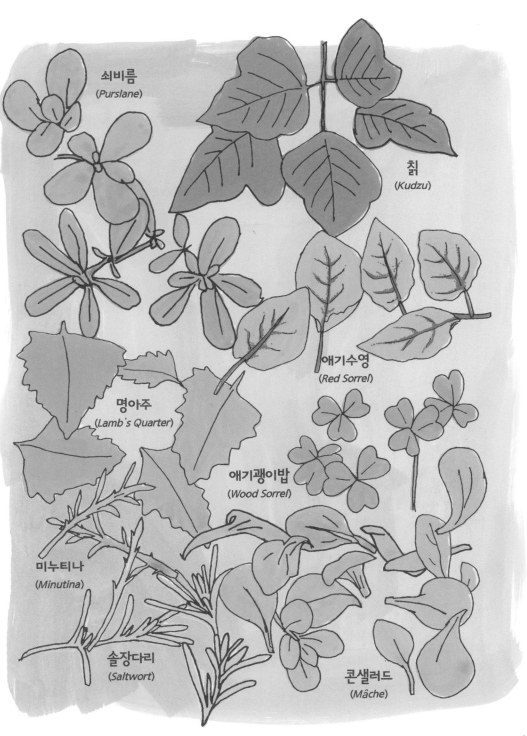

쇠비름
(Purslane)

칡
(Kudzu)

애기수영
(Red Sorrel)

명아주
(Lamb's Quarter)

애기괭이밥
(Wood Sorrel)

미누티나
(Minutina)

솔장다리
(Saltwort)

콘샐러드
(Mâche)

61

# 유명한 곰팡이들

누룩곰팡이는 간장과 청주를 만드는 데 쓰는 곰팡이의 한 종류이다.
푸른곰팡이로는 블루치즈를 만든다.

푸른곰팡이

누룩곰팡이

맥주효모균

브렛효모

맥주효모균은 제빵, 양조 및 포도주 제조에 효모로 쓰이고,
브렛효모는 사워맥주(sour beer)의 신맛을 만드는 효모균이다.

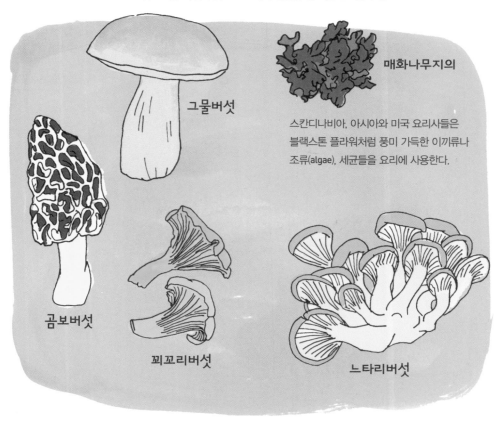

그물버섯

매화나무지의

스칸디나비아, 아시아와 미국 요리사들은
블랙스톤 플라워처럼 풍미 가득한 이끼류나
조류(algae), 세균들을 요리에 사용한다.

곰보버섯

꾀꼬리버섯

느타리버섯

# 트러플 사냥꾼

세계 최고로 사치스러운 버섯은 트러플, 즉 서양송로버섯일 것이다. 사람들이 흔히 말하는
트러플은 엄밀히 말하면 나무뿌리에서 자라는 버섯 자실체다. 의외로 다른 종의 버섯도 많고
알고 보면 수많은 국가에서 재배할 수 있지만 유럽의 자연산 트러플이 가장 비싸다.
그 가격이 453g당 1만 달러에 육박한다.

일반적으로 알려진 것과는 달리 돼지보다는 개를 데리고
송로버섯을 사냥한다. 그 이유는 찾아낸 버섯을
먹지 않도록 훈련시키기가 더 쉽기 때문이다.

흰 송로버섯
(Tub Ermagnatum)

서양송로버섯 중 최고급은
이탈리아 피에몬테 지방, 특히
가을에 나는 흰 송로버섯이다.
흰 송로버섯과 비견할 수 있는
고급 버섯은 프랑스 남부의
검은 송로버섯이다.

검은 송로버섯
(Tuber Melanospoum)

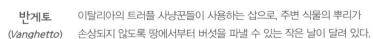

반게토
(Vanghetto)

이탈리아의 트러플 사냥꾼들이 사용하는 삽으로, 주변 식물의 뿌리가
손상되지 않도록 땅에서부터 버섯을 파낼 수 있는 작은 날이 달려 있다.

# 얌

## 주얼 얌
*(Jewel)*

## 가넷 얌
*(Garnet)*

## 보르가드 얌
*(Beauregard)*

# 얌 VS. 고구마

원산지가 중앙아메리카인 고구마는
얌이라고도 불린다.
하지만 둘은 완전히 다른 채소이다.
탄수화물이 풍부하고 수분이 적은 진짜
얌은 아프리카와 아시아가 원산지이며
약 1.5m까지도 자란다.

## 화이트 얌
*(Dioscorea Rotundata)*

**아프리카**

삶아서 으깨 먹거나 건조 후
가루로 만들어 먹는다.

## 워터 얌
*(Dioscorea Alata)*

**필리핀**

퍼플 얌으로도 불리며
주로 디저트용으로 쓰인다.

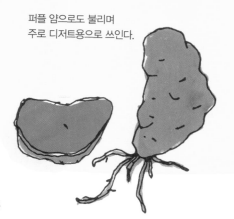

## 마
*(Dioscorea Opposita)*

**일본/중국/한국**

일본식 요리법에서는
채 썰거나 갈아서 먹고,
생으로 먹거나 살짝 익혀
먹는다. 중국에서는 한약
재료로도 사용한다.

# 콩

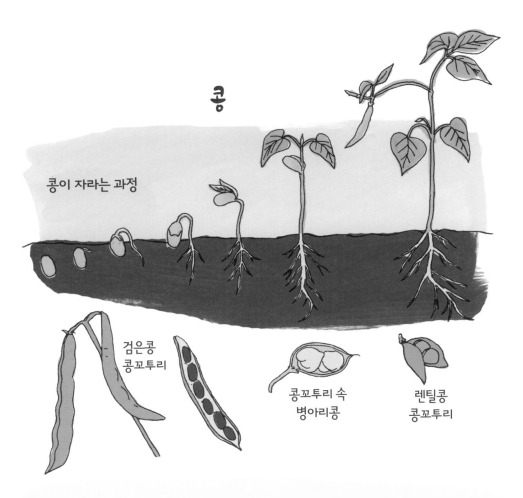

콩이 자라는 과정

검은콩
콩꼬투리

콩꼬투리 속
병아리콩

렌틸콩
콩꼬투리

# 다양한 콩

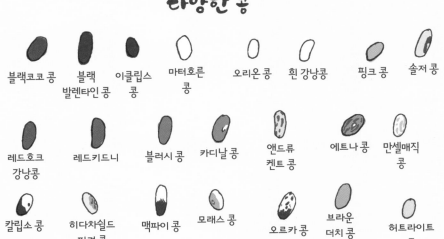

블랙코코 콩

블랙
발렌타인 콩

이클립스
콩

마터호른
콩

오리온 콩

흰 강낭콩

핑크 콩

솔저 콩

레드호크
강낭콩

레드키드니

블러시 콩

카디날 콩

앤드류
켄트 콩

에트나 콩

만셀매직
콩

칼립소 콩

히다차쉴드
피켜 콩

맥파이 콩

모래스 콩

오르카 콩

브라운
더치 콩

허트라이트
콩

65

# 셸 게임*

우리가 흔히 부르는 견과류 중 식물학적으로 진짜 견과인 것은 사실 얼마 되지 않는다. 요즘 견과류는 껍질이 딱딱하고 먹을 수 있는 씨의 거의 전부를 지칭하는 단어가 되었다. 도토리, 너도밤나무열매, 밤 그리고 헤이즐넛 같은 진짜 견과류는 폐과에 속한다. 폐과란 껍질이 하나가 아니며 여물어도 자연적으로 껍질이 벌어지지 않는 열매를 말한다.

깔쭉깔쭉한 털로 덮인 다 익은 밤의 속껍질

열매

밤

종이같이 마른 깍정이

껍질

헤이즐넛

열매

### 견과우유 만들기

견과 1컵에 물 4컵을 붓고 하룻밤 불린다.
퓌레로 만들어 거른 후 단맛을 내기 위해 설탕을 넣는다.

### 건강식 견과 버터

구운 견과로 퓌레를 만든 후 약간의 오일과 소금
또는 설탕을 넣어 맛을 낸다.

---

* 세 개의 콩이나 작은 공 위에 컵, 병마개 혹은 종이를 얹고 조작자가 세 개를 섞어
  플레이어가 어느 쪽에 베팅한 콩이 들어 있는지 맞추는 도박 게임

# 견과의 맛

## 캐슈넛

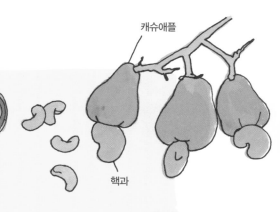

껍질

캐슈애플

핵과

캐슈나무에 열리는 콩팥 모양의 캐슈넛 씨는 사실
견과가 아니다. 혼란스럽지만 캐슈넛은 캐슈애플이라는
배 모양의 과육 끝에 달려 자란다.

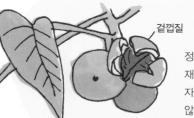

겉껍질

## 호두

정확히 말해 호두는 핵과류다. 10여 개 남짓한 종들이
재배되고 있지만, 미국에서 흔히 볼 수 있는 종은 야생적으로
자라는 검은 호두나무들이다. 호두 껍데기를 벗기는 일이 쉽지는
않지만 수고할 만한 가치가 있다.

씨

껍질

## 땅콩

정확하게 말하자면 땅콩은 렌틸콩이나 완두콩,
대두처럼 꼬투리 속에 먹을 수 있는 곡물 또는
씨가 든 콩류다.

껍질

# 땅콩을 더한 음식들

## 붐부 카창

갈아서 익힌 땅콩과 향신료로 만든 인도네시아의 땅콩 소스.
보통 코코넛밀크, 간장, 마늘 그리고 향신료인 타마린드(tamarind)
와 갈란갈(galangal)을 넣어 만든다. 익힌 채소 샐러드인 가도가도
(gado-gado)나 동남아시아의 꼬치 요리인 사테이(satay),
구운 고기 요리에 곁들여 먹는다.

## 궁보계정(쿵파오 치킨)

중국 요리로 닭고기를 잘게 썰어 말린 고추와 땅콩을
넣어 볶아 만든 미국식 쿵파오 요리의 원조.

## 카이 라드리요

땅콩의 고대 원산지로 추정되는
파라과이에서 디저트로 흔히
먹는 땅콩강정으로 땅콩과
당밀로 만든다.

## 마페

갈은 땅콩이나 땅콩버터에 토마토, 생강, 양파,
마늘을 섞어 짭조름하고 달콤한 소스에 고기를 넣고
뭉근하게 끓인 서아프리카 요리. (땅콩과 비슷한
콩류인 서아프리카 땅콩으로 만든다.)

## 카레 카레

고기, 가지, 콩, 녹색 채소에
으깬 땅콩이나 땅콩버터를
넣어 만든 필리핀의 스튜

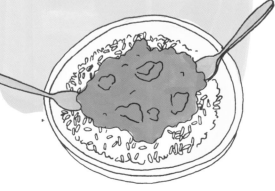

# 세계의 호두까기

빈랑나무 열매 까기,
19세기 동남아시아

장난감 병정 호두까기,
2000년 독일

잉카(INKA)사의 금속 호두까기,
1950년대 스위스

청동 호두까기,
1950년대 오스트리아

목제 여인
호두까기,
1950년대
폴리네시아

주철 개 호두까기,
1880년대 미국

# 두부 만드는 법

## 1. 두유 만들기

말린 콩을 물에 불려 으깬다. 으깬 콩을 그대로 익힌 후
체에 걸러 두유를 만든다. 두유를 거르고
남은 것이 콩비지다.

## 2. 응고시키기

신선한 두유를 데워 간수를 넣거나 해수에서
소금을 추출하고 남은 잔여물을 넣어 응고시킨다.
뜨거운 두유 위에 형성된 막을 건져 먹기도 한다.

두부껍질

## 3. 커드 및 유청

치즈 만드는 것과 마찬가지로 두부를 만들 때 응고된 기름과 대두단백질이 혼합된 덩어리를 커드라고 부른다. 커드를 체에 거르고 남은 물을 유청이라고 한다.

## 4. 압착

커드가 됐다면 두부는 아직 부드러운 상태이며 그대로 먹을 수 있다. 커스터드처럼 달콤한 시럽과 함께 내기도 한다. 아니면 압착하여 더 단단하게 만든다. 오래 누를수록 두부는 점점 단단해진다.

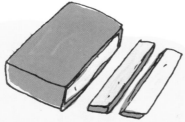

### 건두부 또는 말린 두부

두부 안의 수분을 거의 다 짜내서 훨씬 더 단단해진 두부

### 순두부

압착하지 않은 부드러운 두부

CHAPTER 3

곡식으로 만든
맛있는 것들

# 좋은 곡식들

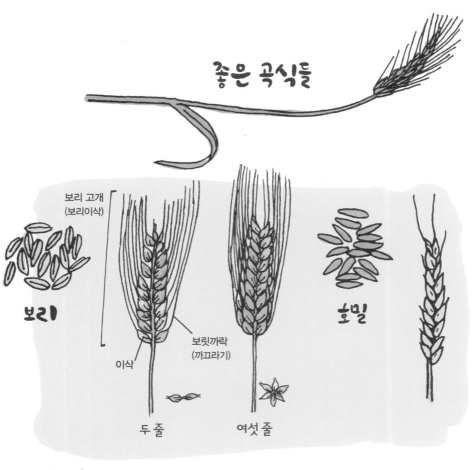

보리 고개
(보리이삭)

보리

이삭

보릿까락
(까끄라기)

두 줄

여섯 줄

호밀

귀리

통귀리

통낟알 및 껍질

귀리 알곡

탈곡한 통귀리

스틸컷 귀리

잘게 토막낸 귀리

롤드 귀리

쪄서 으깬 귀리

**밀**

| 야생 밀<br>(Wild Wheat) | 적색 연질의<br>겨울 밀<br>(Soft Red Winter) | 적색 경질의<br>겨울 밀<br>(Hard Red Winter) | 듀럼 밀<br>(Durum) | 백색 연질의<br>밀<br>(Soft White) |
|---|---|---|---|---|
| 야생 밀을<br>경작하며<br>수확할 수 있는<br>밀이 탄생했다. | 케이크와<br>파이 크러스트,<br>비스킷, 머핀을<br>만드는 데<br>쓰인다. | 페이스트리<br>밀가루에 단백질을<br>추가해 만들어<br>다용도로<br>사용한다. | 파스타 재료인<br>세몰리나 밀가루를<br>만드는 데 쓰인다. | 페이스트리<br>밀가루나<br>파이 크러스트를<br>만들 때 쓴다. |

— 배젖<br>— 겨<br>— 싹

**조**

| 펄 밀렛<br>(Pearl Millet) | 조<br>(Foxtail Millet) | 손가락조<br>(Finger Millet) | 기장<br>(Proso Millet) |
|---|---|---|---|

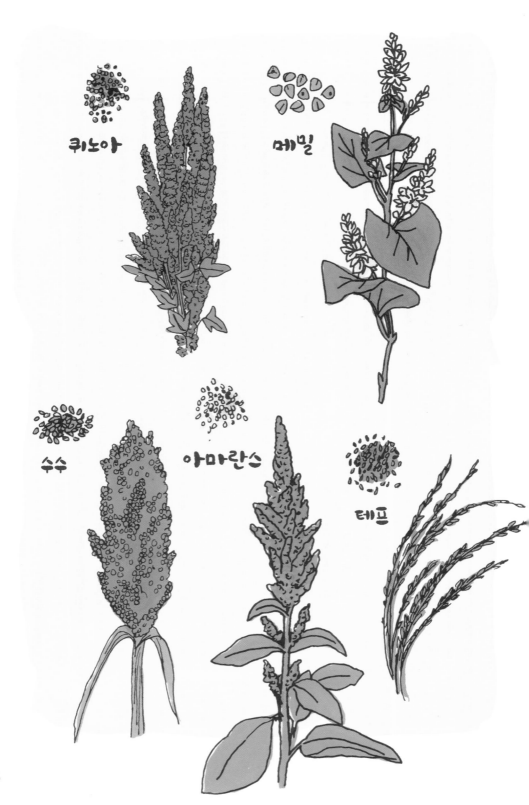

퀴노아

메밀

수수

아마란스

테프

# 옥수수

. . . . . . . . . . . . . . . . . .

인류는 다양한 종류의 옥수수를 재배하고 있다. 식용 단미종 옥수수,
토르티야를 만드는 마치종 옥수수 또는 가축 사료용이나 착유용,
연료 및 단맛을 내는 식품첨가물로 사용되는 옥수수, 팝콘을 만드는 데
쓰이는 인디언 옥수수나 깍지가 두꺼운 경립종 옥수수 등이 있다.

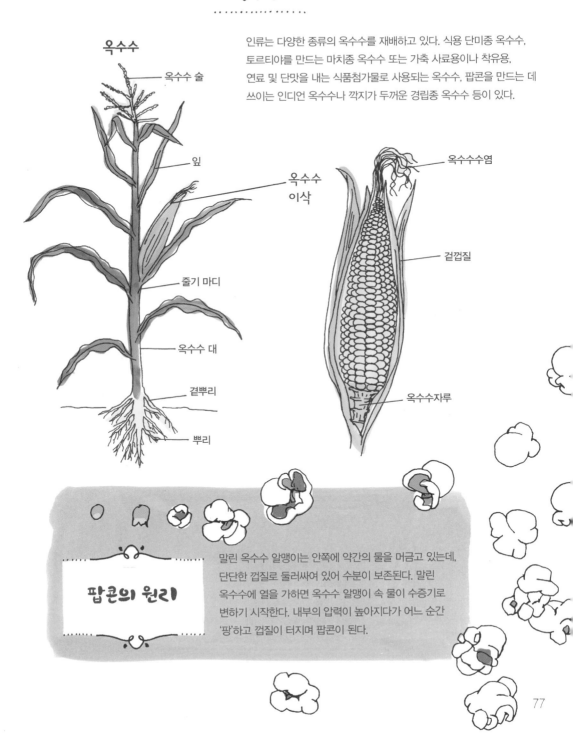

옥수수

옥수수 술

잎

옥수수
이삭

줄기 마디

옥수수 대

곁뿌리

뿌리

옥수수수염

겉껍질

옥수수자루

## 팝콘의 원리

말린 옥수수 알맹이는 안쪽에 약간의 물을 머금고 있는데,
단단한 껍질로 둘러싸여 있어 수분이 보존된다. 말린
옥수수에 열을 가하면 옥수수 알맹이 속 물이 수증기로
변하기 시작한다. 내부의 압력이 높아지다가 어느 순간
'팡'하고 껍질이 터지며 팝콘이 된다.

# 쌀의 종류

**알보리오 쌀***
(Arborio)

**바스마티 쌀****
(Basmati)

**재스민 쌀**
(Jasmin)

**로즈마타 쌀**
(Rose Matta)

**부탄 적미**
(Bhutanese Red)

**찹쌀**
(Glutinous or Sticky)

**고시히카리*****
(Koshihikari)

**카마르그 적미**
(Carmargue Red)

**흑미**
(Black)

**와일드 쌀**
(Wild)

**단립종 현미**
(Brown Short Grain)

**카고 적미**
(Red Cargo)

\*   리조토용 단립종의 전분 함량이 높은 쌀
\*\*   낟알이 길고 향긋한 향이 나는 쌀
\*\*\*   일본에서 가장 널리 재배되는 단립종 벼 품종

# 벼 재배

벼가 다 자라는 데는
보통 3개월이 걸린다.
벼농사법 중 잡초 방지를 위해
물을 가득 채운 논에 손으로
모내기하는 방식이 있다.
벼가 90cm 정도로 자라면 추수하고,
탈곡기에 돌려 벼이삭에서
낟알을 분리한다. 현미의 경우
겉의 외피만 벗기고 견과류 맛에
영양이 풍부한 겨와 배아는 남긴다.
백미는 세 겹으로 된 층 모두 도정한다.

외피
벼 꼬투리 끝의
삐죽 나온 털
녹말
겨층
배아
줄기

벼

4만 종 이상의 벼 품종이 있으며
벼는 남극을 제외한 모든 대륙에서 자란다.

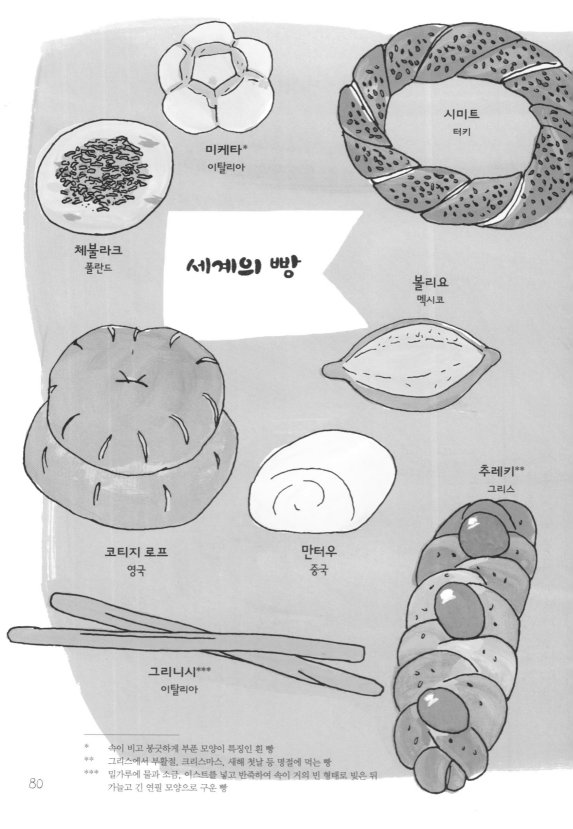

미케타*
이탈리아

시미트
터키

체불라크
폴란드

세계의 빵

볼리요
멕시코

추레키**
그리스

코티지 로프
영국

만터우
중국

그리니시***
이탈리아

----
\* 속이 비고 봉긋하게 부푼 모양이 특징인 흰 빵
\*\* 그리스에서 부활절, 크리스마스, 새해 첫날 등 명절에 먹는 빵
\*\*\* 밀가루에 물과 소금, 이스트를 넣고 반죽하여 속이 거의 빈 형태로 빚은 뒤
  가늘고 긴 연필 모양으로 구운 빵

난
서아시아/중앙아시아/남아시아

브리오슈
프랑스

차파티
인도

바미
자메이카

소다빵
아일랜드

크루아상
프랑스

킵펠
오스트리아

타이거 브레드
네덜란드

바르바리*
이란

* 두께가 얇고 평평한 이란의 전통 빵

81

# 도우를 굴려 만든 빵

## 보일링 베이글

고리 모양의 동유럽 빵 베이글은 굽기 전
쫄깃한 식감과 단단한 크러스트를
만들기 위해 한 번 끓여낸다.

## 꼬인 브레첼

브레첼(pretzel)의 기원에 대한 수많은 이야기 중
하나로 서기 610년 이탈리아의 수도승들이 기도문을
잘 외운 아이들에게 팔을 경건하게 모은 듯한 모양의
빵을 구워 상으로 주었다고 한다.
작은 상이라는 라틴어 '프레졸라(pretzola)'에서
파생되어 '프레티올라스(pretiolas)'라 불렸다 한다.

## 카렐리안 파이

작은 주머니 모양의 호밀빵으로 핀란드와 러시아,
스웨덴의 일부를 포함한 고대 카렐리아 지역에서
유래되었다. 주머니 모양 속에 쌀죽을 넣고
버터와 달걀을 섞어 토핑한다.

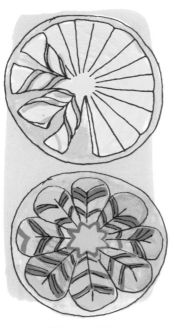

## 스웨덴 시나몬 스타브레드

계피로 층을 만든 별 모양 빵으로 주로 명절 때
먹으며 축하 분위기를 북돋는다. 겹겹으로 된
도우는 가운데는 그대로 둔 채 부분별로 자른 후 각
조각을 꽈배기 모양으로 꼰다. 빵이 구워지는 과정에서
층층의 겹이 부풀어 올라 별 모양이 만들어진다.

## 할라빵 엮는 법

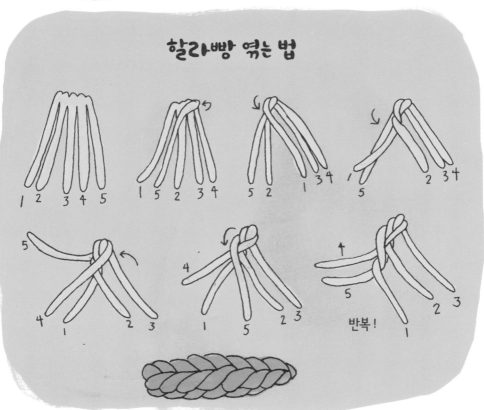

# 내 친구 피르조 무스토넨과 함께 핀란드 전통 호밀빵 만들기

호밀빵은 핀란드의 주식으로 보통 치즈와 함께 먹는다. 색이 짙고 약간 시큼한 맛이 나며, 다른 유럽 국가나 미국의 호밀빵보다 더 건조하다. 내 친구 피르조는 집안 대대로 전해 내려온 100년된 사워종으로 직접 호밀빵을 구워왔다. 피르조는 이 사워종을 빵을 만드는 '뿌리'라고 불렀다. 3일에 걸쳐 만들어지는 그녀의 사워도우 빵 만들기 과정을 공개한다.

## 첫째 날

냉장고에 보관해놓은 사워종을 꺼낸다.
지난번 빵을 구울 때 만든 반죽의 3/4컵만큼
떼어내 보관한 것이다.

## 둘째 날  반죽 만들기

사워종
미지근한 물 12 ½컵
이스트 ½~1스푼
중력분 호밀가루 약 680g

빵의 기본이 될 사워종을 커다란 사발이나 양동이에 넣는다.
사워종과 물 그리고 이스트를 섞는다.
호밀가루를 섞은 후 1~2시간마다 한 번씩 젓고, 천으로 덮어둔다.

## 혼합 도구

가문비나무 꼭대기를 조각해서 만들었다.

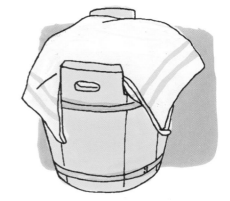

# 셋째 날

소금 1테이블스푼
중력분 호밀가루 1~1.4kg

반죽에 소금을 넣는다. 밀가루를 조금씩 넣으며 섞는다.
반죽은 부드러우면서도 단단한 느낌이 나야 한다.
반죽을 한 덩어리로 동그랗게 모으고 윗부분에 칼로 십자 표시를 낸다.
표시를 해두면 얼마나 부풀어 올랐는지 판단하는 데 도움이 된다.
반죽이 담긴 그릇에 다시 천을 덮어두고 2~3시간 동안 숙성시킨다.

밀가루를 뿌린 식탁에 반죽을 놓고
반죽의 3/4컵 정도를 떼어내 따로 보관한다.
이렇게 보관한 반죽이 다음번에 만들 빵의 기본이 되는 사워종이 된다.
사워종은 냉장고에 보관한다.

남은 반죽을 똑같이 다섯 개로 나눈다.

반죽을 주무르고 돌려 뱀처럼 기다랗게 늘린 후 돌돌 말아준다.
이 과정을 몇 차례 반복한다.

하나로 뭉친 반죽을 양손을 써 앞뒤로 굴려 옥수수 모양으로 만든다.
반죽을 빵 모양으로 빚는다. 남은 반죽들도 똑같이 만든다.

1시간 반 정도 부풀어 오르도록 천을 덮어 숙성한다.
오븐은 450도로 예열해둔다.

빵 반죽에 포크로 몇 번 찔러 작은 구멍을 낸다. 약 1시간 정도 굽는다.

(내 친구 피르조는 나무를 때는 오븐을 사용했다.)

빵을 꺼내고 식는 동안 뚜껑을 덮어둔다.

버터와 치즈를 곁들여 먹는다!

# 호화로운 샌드위치

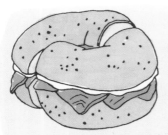

## 베이글 록스(미국, 뉴욕)
베이글에 소금에 절인 연어와 크림치즈,
때에 따라 양파나 피망을 곁들여 먹는다.

## 비프 오쥬(프랑스)
아주 작은 프랑스 빵과 구운 쇠고기를
육즙에 찍어 먹는다.

## 바우루(브라질, 바우루)
프랑스 빵의 속을 파내고 모차렐라
치즈, 구운 쇠고기, 토마토와 오이
피클을 넣어 먹는다.

## 세미타
(멕시코)

브리오슈 같은 참깨 롤빵에 얇게 썬 아보카도,
쇠고기 밀라네사*, 파넬라 치즈, 양파, 파팔로
허브와 토마토 소스를 넣어 먹는다.

## 치즈 스테이크(미국, 필라델피아)
길고 부드러운 롤빵에 얇게 썬 꽃등심 혹은 등심, 녹인
치즈와 살짝 튀긴 양파, 피망과 버섯을 곁들인다.

## 차카레로(칠레)
롤빵에 슈하스코**를 얇게
썬 듯한 스테이크, 토마토, 껍질콩,
칠리페퍼를 넣어 먹는다.

---

* 얇게 썬 쇠고기에 빵가루를 입혀 튀긴 아르헨티나 음식
** 쇠고기 · 돼지고기 · 파인애플 등 여러 가지 재료를 꼬챙이에 꽂아 숯불에 구운 브라질의 전통요리

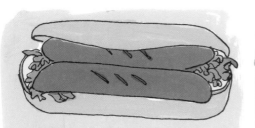

## 초리판 (남아메리카)

껍질이 딱딱한 빵에 초리조*,
치미추리 소스를 넣어 만든다.

## 더블스 (트리니다드 토바고 공화국)

바라(납작한 모양으로 튀긴 빵) 속에
차나(병아리콩 커리), 망고, 쿨란트로,
오이, 코코넛, 타마린드, 페퍼 소스를
넣어 먹는다.

## 피시 브뢰첸 (독일 북부)

생선과 양파, 피클을 넣고
레물라드**, 케첩 또는
칵테일 소스를 뿌려 먹는다.

## 팔라펠 (중동)

피타브레드에 팔라펠(병아리콩이나 잠두를 갈아 둥글게
뭉쳐 바싹 튀겨낸 음식), 양상추, 토마토,
절인 채소, 핫소스, 타히니 소스를 곁들인다.

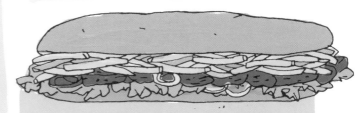

## 개츠비 (남아프리카, 케이프타운)

긴 롤빵 안에 감자튀김과 고기(마살라 스테이크, 닭고기,
소시지) 또는 해산물(생선, 칼라마리)을 넣어 먹는다.

## 프란세지냐 (포르투갈, 포르투)

빵 사이에 햄, 링귀사***, 신선한 차폴라타 소시지,
스테이크나 구운 고기, 치즈, 토마토 그리고
비어 소스를 넣어 만든다.

---

\* 잘게 다진 돼지고기에 파프리카가루, 소금, 마늘, 후추 등을 넣고 훈연한 소시지
\** 겨자가 들어간 매운 소스
\*** 돼지 엉덩이살로 만든 포르투갈의 훈제 소시지

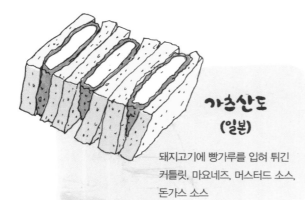

## 가츠산도
### (일본)

돼지고기에 빵가루를 입혀 튀긴
커틀릿, 마요네즈, 머스터드 소스,
돈가스 소스

## 람프레도토
### (이탈리아, 피렌체)

둥글고 바삭한 빵, 소 내장,
파슬리 소스, 핫칠리 소스

## 랍스터 롤
### (미국, 뉴잉글랜드)

핫도그빵, 랍스터, 마요네즈 또는 버터

## 몬테크리스토 (미국)

빵과 햄, 치즈를 달걀물에 적신 후
구워내 슈가파우더, 메이플 시럽
또는 잼을 곁들인다.

## 무플레타
### (미국, 루이지애나)

둥근 참깨빵, 올리브 샐러드, 모차렐라, 프로볼로네
치즈, 모르타델라 소시지, 살라미, 햄, 지아드니에라*
또는 렐리시**

## 팡바냐
### (프랑스, 니스)

프랑스 사워도우, 완숙 달걀, 앤초비,
참치, 생 채소, 올리브오일

---

\* 얇게 저민 채소 요리
\*\* 달고 시게 초절이한 열매를 다져서 만든 양념류

## 하와이 토스트(독일)

구운 흰 빵, 햄, 치즈, 파인애플,
마라스키노 체리*

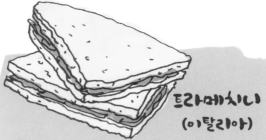

## 트라메치니
## (이탈리아)

빵껍질을 잘라낸 흰 빵을 삼각형으로 자르고 다양한 속 재료를
채워 먹는다. 참치와 올리브, 아루굴라와 파르메산 치즈,
프로슈토**와 모차렐라 치즈

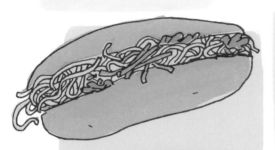

## 야키소바빵 (일본)

튀긴 메밀국수, 돼지고기, 채소, 야키소바
소스, 절인 생강, 김을 뜨거운 핫도그
빵에 넣어 먹는다.

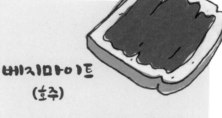

## 베지마이트
## (호주)

양조장에서 이스트 추출 후 남은 추출물에
채소와 향신료를 추가해 만든 페이스트로
빵에 발라 먹는다.

## 반미 (베트남)

베트남식 바게트에 돼지고기, 닭고기, 생선 또는 두부 등을 채운 샌드위치.
보통 신선한 오이나 고수, 당근, 순무 피클을 넣어 먹는다.

---

\* 설탕에 절인 체리
\*\* 생고기를 소금에 절여 발효시킨 이탈리아 전통 햄

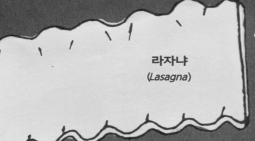

라자냐
(*Lasagna*)

# 다양한 형태의 파스타

토르틸리오니
(*Tortiglioni*)

로티니
(*Rotini*)

푸실리
(*Fusilli*)

리가토니
(*Rigatoni*)

엘보
마카로니
(*Elbow Macaroni*)

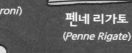

펜네 리가토
(*Penne Rigate*)

펜네
(*Penne*)

오르조
(*Orzo*)

크레스테 디 갈리
(*Creste Di Galli*)

마카로니
(*Macaroni*)

부카티 코르티
(*Bucati Corti*)

그라미냐
(*Gramigna*)

지티
(*Ziti*)

카펠리니
(*Capellini, Angel Hair*)

링귀니
(*Linguine*)

페투치니
(*Fetuccine*)

마니코티
(*Manicotti*)

파파르델레
(*Pappardelle*)

스파게티
(*Spaghetti*)

부카티니
(*Bucatini*)

**디탈리**
*(Ditali)*

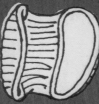

**루마코니**
*(Lumaconi)*

**카스텔라네**
*(Castellane)*

**피오리**
*(Fiori)*

**파스티나**
*(Pastina)*

**콘치글리**(셸 파스타)
*(Conchglie, Shells)*

**오키 디 루포**
*(Occhi Di Lupo)*

**루오테**
*(Ruote)*

**마르지아니**
*(Marziani)*

**사케티**
*(Sacchetti)*

**뇨키**
*(Gnocchi)*

**파르팔레 톤데**
*(Farfalle Tonde)*

**카사레체**
*(Casarecce)*

**콰드레피오레**
*(Quadrefiore)*

**카바타피**
*(Cavatappi)*

**카넬로니**(*Cannelloni*)

**파르팔라**
*(Farfalle)*

**푸실리 룽기**(*Fusiili Lunghi*)

**제멜리**
*(Gemelli)*

**라비올리**
*(Ravioli)*

**토르텔리니**
*(Tortellini)*

**판타체**
*(Pantacce)*

**캄파넬레**
*(Campanelle)*

# 파스타 만들기

파스타 반죽은 밀가루와 달걀
두 가지 재료만 있으면 만들 수 있다.

완성된 반죽을 기계로 압착해 얇게
뽑아내거나 긴 국수 가닥으로 잘라낸다.

**가정용 파스타
제조기**

얇게 만든 반죽은
라비올리를 만드는 데도
쓸 수 있다.

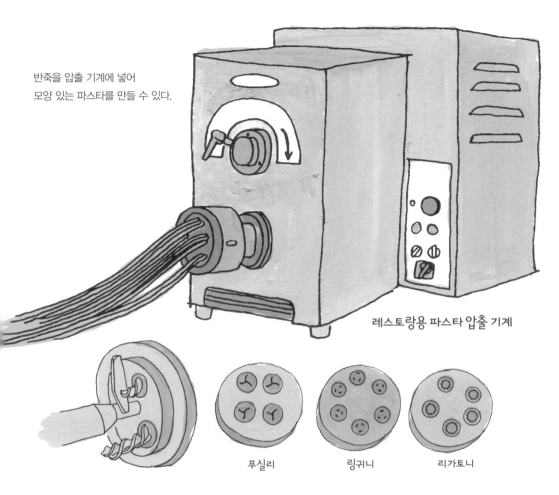

반죽을 압출 기계에 넣어
모양 있는 파스타를 만들 수 있다.

레스토랑용 파스타 압출 기계

푸실리　　링귀니　　리가토니

여러 형태의 틀을 통과한 반죽은 일정한 길이로 잘려 나온다.

# 전통적인 파스타 요리

탈리아텔레 알
라구 볼로네제

페투치니 알프레도

카르보나라

# 국수 만들기

손으로 국수를 만드는 것은 아시아의 오랜 전통이다.
이 제조 과정을 설명한 최초의 기록은
무려 1504년까지 거슬러 올라간다.

## 라미엔

라미엔은 중국 밀가루로 만든 국수이다.
찰기가 강한 밀가루 반죽 하나로 면을 뽑아내는
것으로 영어로는 'pulled noodle'이라고
부른다. 대표적인 방법 중 하나는
반죽을 늘이고 강하게 내려치기를 반복해
차지게 하고 똬리를 틀어놓는 것이다.

국수를 만들기 위해서는 완성된 반죽을 널따랗게
늘인 후 포개 두 가닥이 되도록 만든다. 그리고
다시 접어 더 가는 네 가닥의 국수 가락으로
만든다. 원하는 굵기의 국수 가락이
될 때까지 되풀이한다.

## 소바

일본의 소바는 메밀가루로 만든 면 요리로,
차가운 소스에 찍어 먹거나 국물에 넣어
따뜻하게도 먹을 수 있다.
반죽을 얇게 밀어 옥수수 전분을
뿌린 후 몇 번 접어 가늘게 썬다.

소바용 칼

## 다오시아오미엔

다오시아오미엔은 중국 산시성 지방에서 유래된
도삭면(刀削麵)이다. 요리사는 날카로운 칼로 두꺼운
반죽 덩어리를 얇게 깎아낸다. 잘린 반죽을 끓는 냄비
속에 바로 떨어뜨려 익혀 모양과 크기가 다양하다.

# 아시아 국수 요리

**락사**, 싱가포르

쌀국수와 새우 또는 생선을 매콤한
코코넛밀크 수프에 넣어 먹는다.

**탄탄면**, 중국

국수와 돼지고기, 부추를 매운
사천 소스와 함께 먹는다.

**팟키마오**, 태국/라오스

넓적한 쌀국수, 간장, 피시 소스, 고기
혹은 해산물, 채소, 고추, 후추와
바질 양념을 볶아 먹는다.

**밀면**, 한국

밀과 고구마 전분으로 만든 가늘고
긴 면을 육수에 말아 채소와 달걀을
곁들여 먹는다.

**쩨오**, 미얀마

쌀국수, 미트볼, 돼지육수로
만들어 먹는다.

**반 호이**, 베트남

쌀국수로 부추와 고기를
둥글게 말아 먹는다.

# 우리 엄마표 누들푸딩

· · · · · · · · · · · · · · · · · · · ·

**재료**  넓적한 달걀면 280~340g          달걀 8~10개
　　　달콤한 버터 1개　　　　　　　설탕 3/4컵
　　　포트 치즈 또는 파머 치즈 약 453g　계피가루
　　　사워크림 약 453g

(냉장 보관했던 재료들은 미리 꺼내두었다가 실온과 비슷해졌을 때 쓰면 좋다.)


요리법

1. 적당히 씹는 맛이 있을 때까지 국수를 끓인다. 요리 과정에서 가장 짧은 시간이 걸린다.

2. 국수를 끓이는 동안 커다란 사발에 달걀을 넣고 거품기로 잘 젓는다. 포트 치즈, 설탕
   그리고 사워크림을 추가해 잘 섞어준다. 수프 같은 점성이 생길 때까지 계속 섞어야 한
   다. 수프 같아지지 않는다면 달걀을 1~2개 더 풀어 넣는다.

3. 국수를 건져내고 물기가 다 빠질 때까지 체에 넣고 부드럽게 쳐준 다음 커다란 그릇에
   옮겨 담는다.

4. 아직 뜨거운 국수 주위로 버터 한 덩이를 넣어 빙빙 돌려 젓는다. 이렇게 하면 식어가는
   국수에 버터가 균일하게 도포된다.

5. 국수가 식으면 치즈와 사워크림, 설탕, 달걀 섞은 것을 국수에 부어 골고루 섞는다.

6. 기름 바른 베이킹용 접시(약 23×33㎝)에 전부 담는다.

7. 그 위에 계피가루를 살짝 뿌린다.  350도에서 윗부분이 갈색으로 변하고
   달걀 커스터드가 자리 잡을 때까지 약 1시간 정도 굽는다.

8. 뜸 들이며 놓아둔다. 때가 되면 먹기에 적당한 양으로 네모지게 자른다.
   따뜻하게나 차게 먹는다.

# 세계의 맛있는 만두

## 힝칼리

그루지야인들은 만두소를
다진 고기로 채우고 검은
후추를 뿌려먹었다. 쿠치
(kuchi)는 반죽 위 매듭
모양으로 '입' 혹은
'배꼽'이라고 부르며
전통적으로 먹지 않는다.

## 카네데를리

이탈리아 동북부 알프스에서
유래된 빵 만두. 보통 스펙
(speck)이라 불리는 훈제
숙성 고기로 맛을 낸다.
이 지역에 사는 다수의
독일인들은 크뇌델(Knödel)
이라 부른다.

## 펠메니

풍미 있는 러시아식
라비올리 펠메니는
얇고 섬세한 만두피로
유명하다.

## 신 만티

만두소가 보이는
아르메니아의 구운 양고기
만두로 보통 요거트와
함께 먹는다.

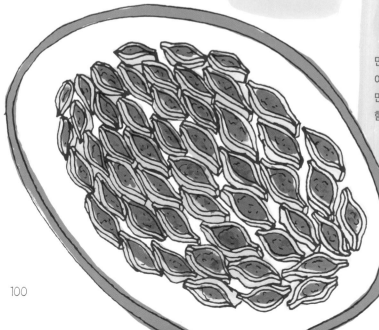

푸푸는 조금씩 떼어내 숟가락 대신 다른 음식을 떠먹는 데 사용하기도 한다.

## 모닥

다양한 맛이 나는 인도의 단 과자로 만두와 비슷하게 생겼다. 힌두교의 신 가네샤가 가장 좋아하는 음식으로 알려져 있다.

## 푸푸

아프리카 혹은 서인도 만두. 카사바 혹은 세몰리나, 옥수수가루로 만들고 수프나 스튜와 함께 먹는다.

## 모모

남아시아의 유명한 요리로 야크(yak) 고기를 포함해 속 재료를 다양하게 사용하며 형태 또한 다채롭다.

## 할루슈키

파스타의 일종으로 치즈와 베이컨을 얹어 먹는다. 경단처럼 생긴 소박한 감자 뇨키는 슬로바키아를 대표하는 음식으로 여겨진다.

## 샤오롱바오

육즙이 가득한 상하이 돼지고기 만두로 국물만두로도 알려졌다. 상차림에서 샤오롱이나 찜기 채로 바로 내놓는다고 해서 샤오롱바오 라는 이름이 붙었다.

샤오롱(찜기)

# 세계의 팬케이크

## 인제라 (에티오피아)

테프가루로 만든 납작한 발효 빵으로
식감이 스펀지같이 푹신하다.

## 에이블스키버
### (덴마크)

밀가루, 버터밀크, 크림, 달걀과
설탕으로 만든 둥근 팬케이크

## 호떡 (한국)

흑설탕과 꿀, 땅콩, 시나몬으로
속을 채운 달콤한 팬케이크

## 세라비 (인도네시아)

쌀가루에 코코넛밀크와 판단 잎의 즙을 섞어 만든
팬케이크로 판단 잎이 들어가 녹색을 띈다.

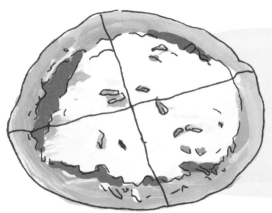

## 차타마리 (네팔)

쌀로 만든 팬케이크로 고기와 채소
때로는 달걀과 치즈로 토핑한다.

## 블리니 (러시아)

아주 얇은 밀가루 반죽을 기름에
재빨리 튀겨내 그 속에 치즈와 과일을
넣고 둥글게 말은 팬케이크

## 도사 (인도)

쌀과 우라드 콩을 발효한 반죽으로
만든 팬케이크. 다양한 처트니와
함께 낸다.

## 크레프 (프랑스)

얇은 밀가루나 메밀가루 팬케이크를
접어 달콤하거나 풍미 있는 소스와
함께 낸다.

CHAPTER 4

다양하게
맛보는
고기 요리

# 최상등급 고기

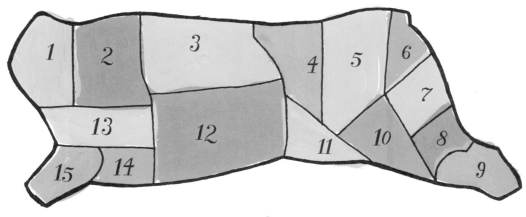

**쇠고기**

*1* 목살  
*2* 목정(장정육)  
*3* 갈비  
*4* 안심  
*5* 채끝  
*6* 우둔  
*7* 홍두깨살  
*8* 삼각살  

*9* 뒷사태  
*10* 도가니  
*11* 치마살  
*12* 업진  
*13* 양지머리  
*14* 차돌박이  
*15* 앞사태  

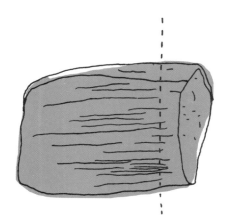

고기는  
항상 근육 결과 반대 방향으로 자른다.  
그래야 고기가 더 부드럽다.

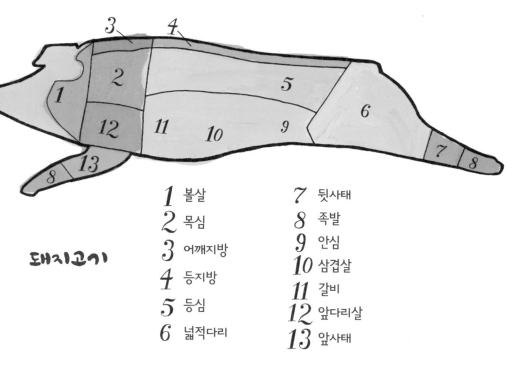

**돼지고기**

| | | | |
|---|---|---|---|
| *1* | 볼살 | *7* | 뒷사태 |
| *2* | 목심 | *8* | 족발 |
| *3* | 어깨지방 | *9* | 안심 |
| *4* | 등지방 | *10* | 삼겹살 |
| *5* | 등심 | *11* | 갈비 |
| *6* | 넓적다리 | *12* | 앞다리살 |
| | | *13* | 앞사태 |

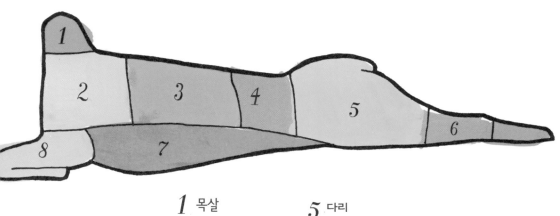

**양고기**

| | | | |
|---|---|---|---|
| *1* | 목살 | *5* | 다리 |
| *2* | 목정 | *6* | 뒷사태 |
| *3* | 갈비 | *7* | 가슴살 |
| *4* | 등심 | *8* | 앞다리살 |

# 육류 조리법

육류는 대부분 근육이나 단백질로 이뤄진 섬유질
세포의 작은 다발이다. 단단하게 감긴 코일 형태의
단백질 입자는 열을 가하면 섬유질의 구조가 변한다.
단단히 뭉쳐 있던 코일이 느슨해지며 안쪽의 입자들이
풀린다. 섬유질은 수분이 빠져나가면서 줄어들고,
풀린 단백질 입자들은 응고되거나 반고체 상태로 뭉친다.
이 과정을 변성이라고 한다. 조리 시간이 길어질수록
고기가 질겨지는 것은 바로 이 때문이다.

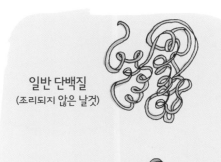

일반 단백질
(조리되지 않은 날것)

변성 단백질
(조리된 상태)

## 조리 온도

— 화씨 145도 쇠고기/돼지고기 미디움 레어
— 화씨 160도 쇠고기/돼지고기 미디움
— 화씨 165도 닭고기
— 화씨 170도 쇠고기 웰던

## 습열

질긴 고기나 힘줄, 근육이 많은 부위는 끓이거나 찌고, 뭉근히
고아내는 조리가 이상적이다.

볼리토 미스토는 여러 종류의 질긴 고기 부위와 스튜용 암탉을
향긋한 육수에 오랜 시간 뭉근하게 끓여낸 맛좋은
이탈리아 요리다. 프랑스에는 비슷한 요리로
불 위의 냄비라는 뜻의 포토푀(pot au feu)가 있다.

볼리토 미스토

# 건열

· · · · · · · · · · · · · · · · · · · ·

건열 조리에는 고기를 증기나 불 또는 달군 팬의 표면에 올려 직접 열을 가하는 방식이 있다.
볶거나 튀기는 조리 방식을 건열로 분류하는 것은 물 대신 기름을 사용하기 때문이다.

강한 불로 재빨리 구워
지지기

튀기기

오븐에 굽기

석쇠에 굽기

# 가공육 요리들

가공육 기술은 냉장고가 생기기 이전 단순히
고기를 보관하기 위해 만들어졌을 것이다.
하지만 이제 모든 육가공품을 뜻하는 샤퀴테리(charcuterie,
옛 프랑스 단어인 '살(char)'과 '익힌(cuit)'이 합쳐진 말)의 기술이
세계가 가장 탐내는 맛을 만들어내고 있다.

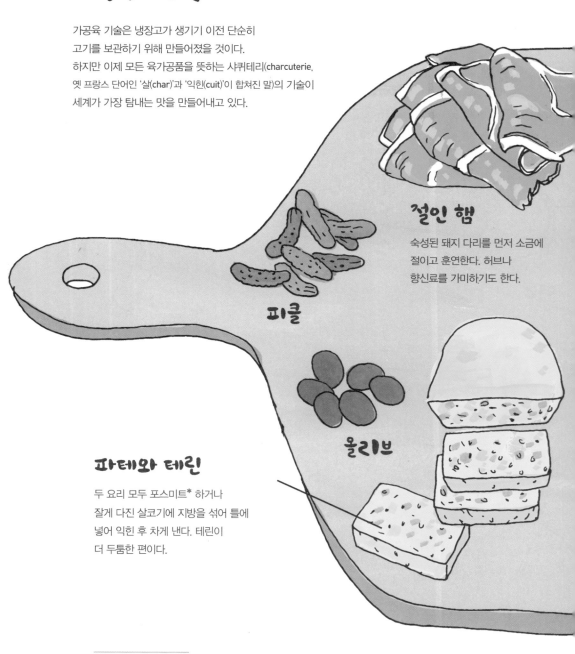

## 절인 햄

숙성된 돼지 다리를 먼저 소금에
절이고 훈연한다. 허브나
향신료를 가미하기도 한다.

### 피클

### 올리브

## 파테와 테린

두 요리 모두 포스미트* 하거나
잘게 다진 살코기에 지방을 섞어 틀에
넣어 익힌 후 차게 낸다. 테린이
더 두툼한 편이다.

---

\* 고기나 채소를 갈아 혼합한 것

**리예트**

썰어서 소금에 절인 고기와
지방으로 만든 스프레드.
천천히 익힌 후 잘게 다져 식힌다.

**절인 소시지**

절인 소시지는 건조하거나 훈제
또는 발효해 만들 수 있다.
이로운 세균들이 곰팡이를
만들어 먹기에 안전한 고기가
되도록 유지해준다.

**머스터드 소스**

**갤런틴**

뼈에서 발라낸 고기를 채소와 양념과 함께 섞어
원통형으로 만들어 데친 후 차게 해서 낸다.
대개 아스픽*으로 둘러싸여 있다.

**빵**

---

* 육즙을 굳혀 만든 투명한 젤리

# 다양한 소시지

### 서머 소시지

쇠고기, 설탕, 겨자 씨, 마늘가루, 카옌 후추,
고춧가루, 액체훈연

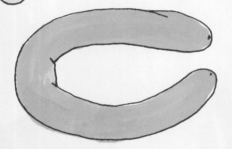

### 브라트부르스트

돼지고기, 송아지 고기, 분유, 후추,
세이지, 양파, 메이스*, 샐러리

### 마일드 이탈리안

돼지고기, 회향, 검은 후추

### 모르칠라

돼지 피, 지방, 쌀, 양파, 검은 후추,
파프리카, 계피, 정향, 오레가노

### 킬바사

돼지고기, 흰 후추, 고수, 마늘

### 메르게즈
### 소시지

양고기 또는 쇠고기,
커민, 칠리페퍼,
하리사**, 옻, 펜넬, 마늘

### 초리조 멕시카나

돼지고기, 고추, 고수, 커민,
정향, 시나몬, 마늘, 파프리카,
소금, 후추, 식초

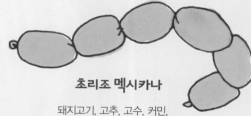

---

\*    육두구 열매의 선홍색 씨껍질을 말린 향신료
\*\*  후추와 오일로 만드는 북아프리카 튀니지의 소스

112

# 도축 연장

**보닝**
뼈 바르기용

**부처**
각뜨기용

**필레**
살코기
저미기용

**클리버**
고기 자르는
큰 칼

**램 클리버**
양고기 자르는
큰 칼

**스키닝**
가죽 벗기기용

**카버**
고기 써는
긴 칼

**샤프너**
강철 칼갈이

**갈고리**

**고기 망치**

**스티킹 나이프**
가정용

# 소시지 엮는 법

가운데를
집어 비튼다.

다시
12.5~15.5cm
정도 아래를
집어 비튼다.

한쪽 가닥을
고리 안으로
통과시킨다.

아래쪽을
한 번 더
비틀어
두 번째
고리를 만든다.

전 단계에서 고리
안으로 통과했던
것과 반대쪽을
두 번째 고리
안으로 넣는다.

다 엮을 때까지
반복한다.

# 세계의 고기 요리

## 불고기 (한국)

얇게 썬 쇠고기에 간장, 설탕. 참기름,
마늘, 버섯 및 갈은 배 등으로
양념해 재운다.

## 고기파이 (호주)

네모지게 썰거나 갈은 고기, 그레이비 소스,
양파, 버섯을 파이 사이에 넣은 요리.
파이 윗부분에 케첩을 뿌려 낸다.

## 레촌 아사도 (쿠바)

통돼지 또는 돼지 다리를 새콤한
오렌지 즙, 마늘과 오레가노에 재운다.

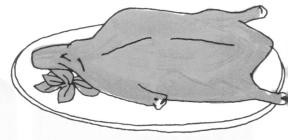

## 북경오리 (중국)

특별한 종의 오리를 신중하게 양념해
말린 후 구워낸 요리. 오리를 구워내
껍질이 더 바삭하다.

## 하칼 (아이슬란드)

톡 쏘는 맛이 굉장히 강한 고대 아이슬란드 요리. 상어를 파묻어 삭힌 후 몇 달에 걸쳐 말린 요리

## 굴라시 (헝가리)

붉은 벽돌색의 헝가리 쇠고기와 채소로 만든 스튜로, 가장 중요한 요리 재료는 파프리카이다.

## 비고스 (폴란드)

사워종 빵과 고기 스튜, 속을 파낸 빵에 스튜를 넣어 내기도 한다.

## 되네르케밥 (터키)

양념한 고기를 수직으로 세운 쇠꼬챙이에 꽂아 요리한 후 얇게 깎아내 밥 위에 얹거나 샌드위치 속에 넣는다.

## 키베 (중동/북아프리카)

곱게 간 고기, 향신료, 양파, 불거* 또는 으깬 밀가루로 만든 패티를 튀기거나 굽거나 생으로 낸다.

---

* 쪘다 말린 밀가루로 만든 곡류

# 5종의 멋진 식용 생선

## 무지개송어

대개 다른 송어와 달리 무지개송어는 민물에서 찾을 수 있다. 북서 태평양 연안에 분포한 연어의 친척격인 송어로 태평양 연안에서 일정 기간을 보낸 뒤 종종 산란을 위해 차가운 개울을 거슬러 올라간다.

대부분 통째로 팬에 굽거나
속을 채워 그릴에 굽는다.

멕시코 태평양 연안을 따라
올라온 지방이 풍부한 청새치를 훈제해 타코 그리고 토스타다와 함께 먹는다.

## 청새치

부리가 뾰족한 일부 암컷은 몸길이가 4.3m도 넘게 자란다. 그래서 바다낚시를 하는 이들이 가장 탐내는 어종이기도 하다. 상업적인 목적으로 포획하는 개체 수는 적지만 전체적으로는 줄어들고 있어 멸종위기종으로 분류된다.

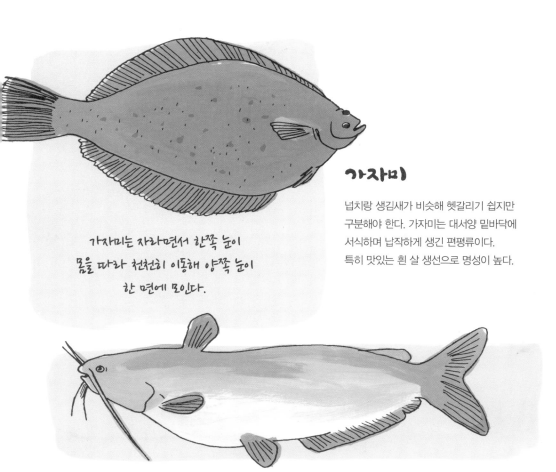

## 가자미

넙치랑 생김새가 비슷해 헷갈리기 쉽지만
구분해야 한다. 가자미는 대서양 밑바닥에
서식하며 납작하게 생긴 편평류이다.
특히 맛있는 흰 살 생선으로 명성이 높다.

가자미는 자라면서 한쪽 눈이
몸을 따라 천천히 이동해 양쪽 눈이
한 면에 모인다.

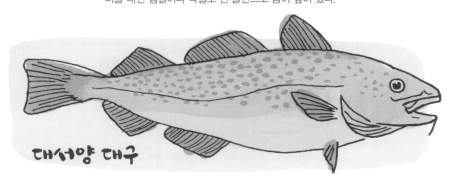

## 찬넬동자개

미국에서 가장 흔히 잡을 수 있는 생선이다. 전 세계적으로 메기라고 부르는 수백 가지
다양한 어종이 있는데, 찬넬동자개와 같은 민물고기 메기는 대부분 강바닥에서
먹이를 찾아 먹는다. 수염처럼 생긴 바벌이라는 감각기관이 있으며,
비늘 대신 껍질이나 각질로 된 골판으로 몸이 덮여 있다.

## 대서양 대구

차고 깊은 바닷속에 사는 물고기이다. 담백하고 부서지기 쉬운 대구 살은 소금에 절이고 말려
수 세기 동안 운송되어왔다. 그 때문에 이제 종의 씨가 마르기 직전이라는 걱정거리가 생겼다.

# 생선 포 뜨는 법

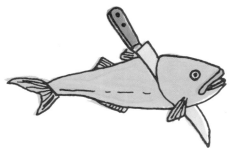

머리 바로 뒤쪽에서 몸의 중앙
척추 뼈까지 칼로 깊게 찔러 자른다.

생선 등뼈를 따라 머리에서 꼬리까지
칼로 포를 뜬다.

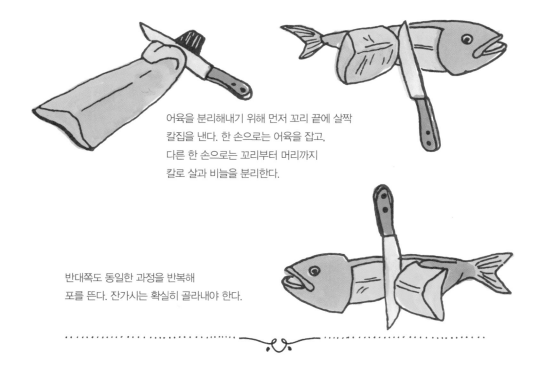

어육을 분리해내기 위해 먼저 꼬리 끝에 살짝
칼집을 낸다. 한 손으로는 어육을 잡고,
다른 한 손으로는 꼬리부터 머리까지
칼로 살과 비늘을 분리한다.

반대쪽도 동일한 과정을 반복해
포를 뜬다. 잔가시는 확실히 골라내야 한다.

# 최고봉 어란

## 연어 알

전 세계적으로 수많은 종류의 어란이나 갑각류 알은
영양이 풍부한 별미로 여겨져왔다.

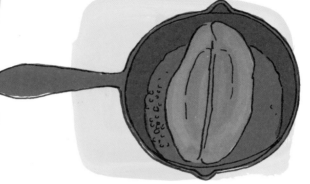

## 청어 알

어란은 알 하나하나가 아니라 알주머니를
말하는 것으로 기름에 튀겨 먹기도 한다.

## 캐비어

캐비어는 전통적으로 카스피해나 흑해에서 나는 야생 철갑상어의
알을 지칭한다. 벨루가, 스텔렛, 오세트라 그리고 세브루가 순으로
최고급 캐비어로 친다.

커다란 철갑상어는 100년이나 살 수 있으며
알을 낳기까지 성장하는 데는 거의 20년이 걸린다.

# 그 밖의 해산물

**칼라마리 만들기**

## 두족류

오징어와 문어, 갑오징어는 몸이 좌우대칭인 연체동물이며
머리가 크고 맛있는 촉수가 있다.

**갑오징어 구이**

스페인의 구운
갑오징어 요리

**기름에 재빨리 튀겨낸
칼라마리**

**와인에 끓인 문어**

레드 와인에 문어를 넣어
끓여낸 그리스 요리

## 쌍각류

조개, 굴, 가리비 및 홍합은 맞물린 두 개의 껍질로 싸여 있는 연체동물이다. 쌍각류 요리로는
조개껍질 한쪽에 얹어 나오는 온 더 하프 셸(on the half shell) 메뉴가 인기 있다.

**굴 플래터**

큰 접시에 차려
내는 굴 요리

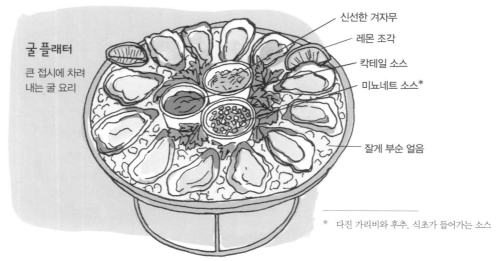

신선한 겨자무

레몬 조각

칵테일 소스

미뇨네트 소스*

잘게 부순 얼음

\* 다진 가리비와 후추, 식초가 들어가는 소스

# 갑각류

게, 랍스터, 새우, 크릴새우, 가재는
외골격으로 다시 말해 뼈가
몸의 바깥쪽에 있다.

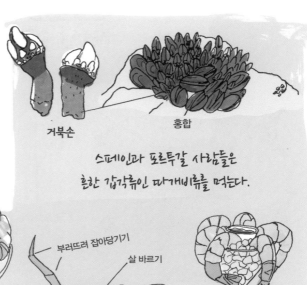

거북손

홍합

스페인과 포르투갈 사람들은
흔한 갑각류인 따개비류를 먹는다.

집게발

부러뜨려 잡아당기기

살 바르기

부러뜨려 잡아당기기    자르기

**집게발 먹기**

새우 칵테일

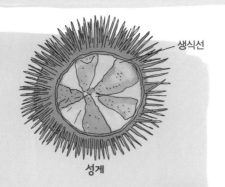

생식선

성게

# 극피동물

모든 극피동물들은 5강의 방사대칭 모양을 하고 있다.
그중 불가사리는 가장 잘 알려진 극피동물류이다.
음식으로는 성게와 해삼을 가장 많이 먹는다.

식초에 절인 해삼은
중국에서 축하연
요리로 낸다.

**우니 이쿠라 돈부리**

밥 위에 성게와 어란을
올려 낸다.

성게의 먹을 수 있는 부분을
일본어로 우니라고 하는데,
연한 오렌지색을 띠는 이 부분은
사실 성게의 생식선이다.

# 알아두면 유용한
# 생선 손질 용어

· · · · · · · · · · · · · · · · · · · · · · · · · ·

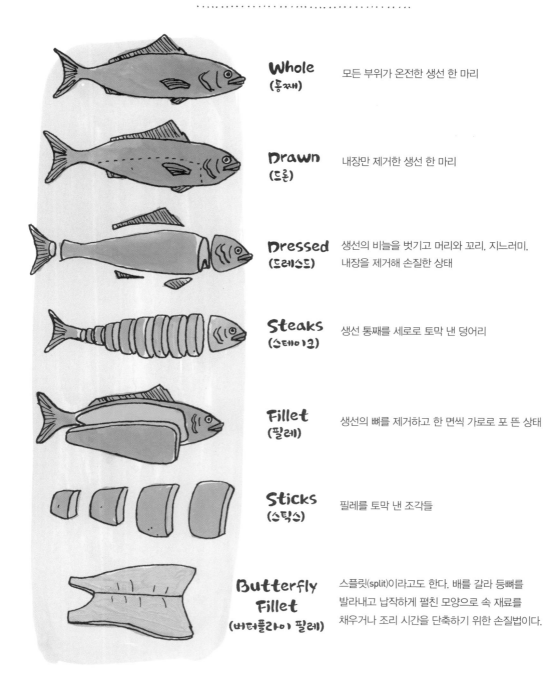

**Whole**
(통째)

모든 부위가 온전한 생선 한 마리

**Drawn**
(드론)

내장만 제거한 생선 한 마리

**Dressed**
(드레스드)

생선의 비늘을 벗기고 머리와 꼬리, 지느러미,
내장을 제거해 손질한 상태

**Steaks**
(스테이크)

생선 통째를 세로로 토막 낸 덩어리

**Fillet**
(필레)

생선의 뼈를 제거하고 한 면씩 가로로 포 뜬 상태

**Sticks**
(스틱스)

필레를 토막 낸 조각들

**Butterfly
Fillet**
(버터플라이 필레)

스플릿(split)이라고도 한다. 배를 갈라 등뼈를
발라내고 납작하게 펼친 모양으로 속 재료를
채우거나 조리 시간을 단축하기 위한 손질법이다.

# 해산물 조리도구

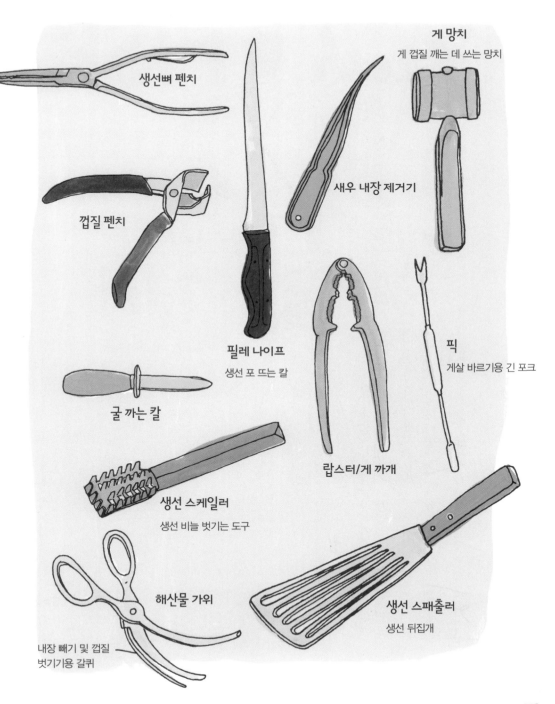

생선뼈 펜치

게 망치
게 껍질 깨는 데 쓰는 망치

껍질 펜치

새우 내장 제거기

필레 나이프
생선 포 뜨는 칼

픽
게살 바르기용 긴 포크

굴 까는 칼

랍스터/게 까개

생선 스케일러
생선 비늘 벗기는 도구

해산물 가위

생선 스패출러
생선 뒤집개

내장 빼기 및 껍질
벗기기용 갈퀴

# 신선한 생선

## Fresh FISH

신선한 생선은 눈알이 튀어나와 있으며 색이 밝고 붉다.
아가미는 선명한 선홍색을 띠고 촉촉하며
비늘에서는 윤기가 난다. 또 비린내가 아닌
바다 냄새가 나야 한다.

# 흔히 먹는 조개들

조개 갈퀴

## 리틀넥

북동부 지역 사람들은 쿼호그
(Quahog)라고도 부르는 껍질이 단단한 조개.
탑넥과 체리스톤, 클램 차우더와 같은
종류의 조개다. 차이를 찾자면 리틀넥은
다 자라기 전에 수확한다는 것이다.

## 입스위치

소프트셸 클램 혹은 스티머라고도 불리며
대서양 연안에 서식한다. 조개의 이름은
매사추세츠주의 입스위치라는 지명에서 따온 것이다.
껍질은 색이 옅고 길쭉하며 잘 부러진다. 통째로
튀겨내 클램 벨리스(clam bellies)로 팔기도 한다.

## 구이덕

유난히 큰 이 조개는 때때로 길고 두꺼운
목을 빼 물을 뿜어낸다. 일반적으로 썰어서
생으로 먹거나 익혀 먹는다.

## 마닐라

원산지는 아시아로 크기가 작은 마닐라
조개껍질에는 보통 줄무늬가 있고 딱딱하다.

## 키조개

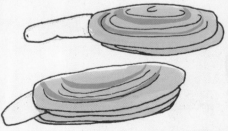

길고 가는 조개 종류 중 하나로
긴 면도날과 비슷하게 생겼다.

# 초밥의 종류

**마키즈시**
말아서 만든 초밥

**후토마키**
몇 가지 재료로 속을 채워
두껍게 만 초밥

**호소마키**
한 가지 속 재료만
넣어 가늘게 만 초밥

**테마키**
손으로 말아 만든
고깔 모양의 초밥

**니기리즈시**
손으로 누른 밥 위에
생선회를 얹은 초밥

**군칸마키**
군함을 닮은 모양으로 부드러운
재료를 위에 얹어 내는 초밥

**우라마키**
안팎을 뒤집어
밥이 바깥쪽에
보이게 말은 초밥

**테마리즈시**
포장용 랩을 이용해
공 모양으로 동그랗게 만든 초밥

**오시바코**
네모난 틀에 눌러 담아
만든 초밥

**치라시**
밥을 펼쳐 넣고 그 위에
생선과 채소를 얹은 초밥

사실 김으로 만드는 과정은 오히려 쉬운 부분이다.
제대로 된 밥(식초로 양념한)을 준비하는 것이
훌륭한 초밥 요리사를 구분하는 지점이다.

노리(김)

마키스(대나무 김발)

**마키즈시
만들기**

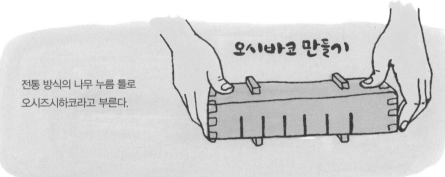

**오시바코 만들기**

전통 방식의 나무 누름 틀로
오시즈시하코라고 부른다.

일본에서 독이 있는 복어를
손질하려면 자격증이 있어야 한다.
제대로 손질하지 않으면
내장 속 독이 마비를 일으키거나
회를 먹으면 사망할 수도 있다.

후구 사시미(복어 회)

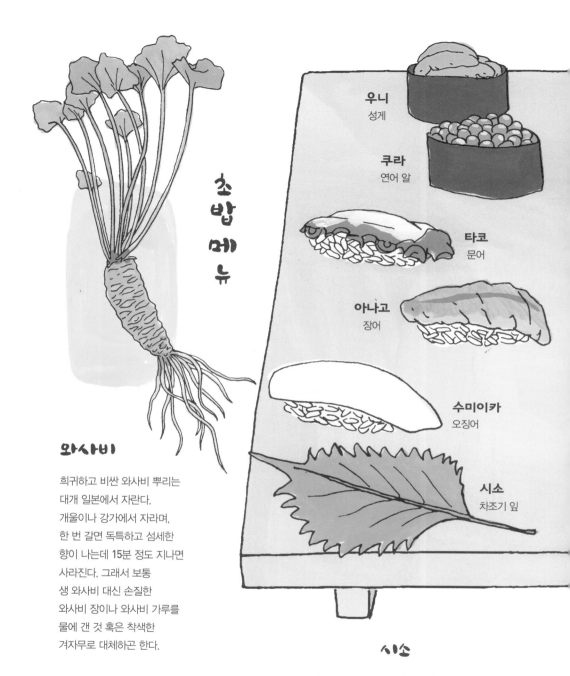

초밥 메뉴

우니
성게

쿠라
연어 알

타코
문어

아나고
장어

수미이카
오징어

시소
차조기 잎

## 와사비

희귀하고 비싼 와사비 뿌리는
대개 일본에서 자란다.
개울이나 강가에서 자라며,
한 번 갈면 독특하고 섬세한
향이 나는데 **15분** 정도 지나면
사라진다. 그래서 보통
생 와사비 대신 손질한
와사비 장이나 와사비 가루를
물에 갠 것 혹은 착색한
겨자무로 대체하곤 한다.

## 시소

향긋한 허브로 바질과 비슷하며
새콤달콤한 향이 난다. 양념으로 사용하며
밥이나 국에 넣기도 하고 때에 따라
초밥에 넣어 먹기도 한다.

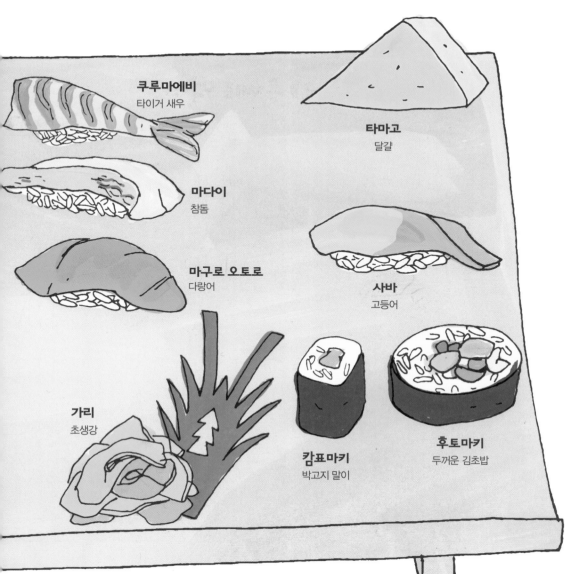

**쿠루마에비**
타이거 새우

**타마고**
달걀

**마다이**
참돔

**마구로 오토로**
다랑어

**사바**
고등어

**가리**
초생강

**캄표마키**
박고지 말이

**후토마키**
두꺼운 김초밥

## 가리

햇생강을 얇게 저며 절인 것으로 입맛을
깔끔하게 하기 위해 먹는다. 자연산은 연한
장미색이며 진분홍색이 나는 가리는
식용색소로 색을 낸 것이다.

간장은 생선 가장자리에
살짝 찍어 먹고, 밥이 있는 쪽은
절대 간장에 찍지 않는다.

# 닭 한 마리 통째로 먹기

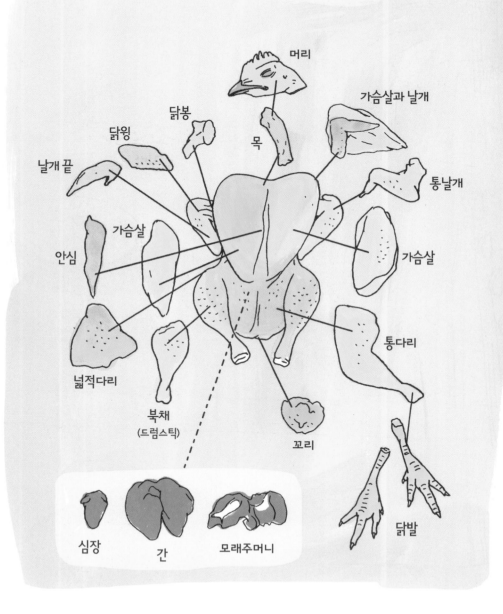

머리

가슴살과 날개

닭봉

닭윙

목

날개 끝

통날개

가슴살

안심

가슴살

넓적다리

통다리

북채
(드럼스틱)

꼬리

닭발

심장          간          모래주머니

# 알아두면 유용한 가금류와 관련된 용어

**broiler (브로일러)**   식용육으로 사육한 영계

**capon (케이폰)**   거세한 수탉

**cornish (코니시종)**   코니시종과 플리머스록종 또는 화이트록종의 교배종

**poussin (푸생)**   영국에서 영계 암탉을 칭하는 말로
미국에서는 코니시 헨이라고 한다.

**pullet (풀레)**   산란 목적으로 기르는 어린 닭으로 병아리와
암탉의 중간쯤 된다.

**squab (스쿼브)**   식용으로 사육한 새끼 비둘기

# 주방의 감초, 달걀의 역할

**뭉치기**

미트볼이나 크랩 케이크 같은 요리를 만들 때 재료들을 하나로 뭉쳐준다.

## 걸쭉하게 만들기

커스터드나 푸딩, 소스의 질감을 진하게 한다.

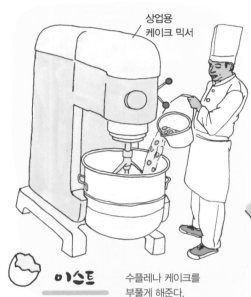

상업용 케이크 믹서

**이스트**

수플레나 케이크를 부풀게 해준다.

**유화하기**

마요네즈, 샐러드 드레싱 및 기타 소스를 유화시킨다.

**광내기**

페이스트리에 윤기를 낸다.

**맑게 하기**

고깃국물을 맑게 해준다.

**막기**

한 번 끓인 사탕 및 프로스팅*의 결정화를 막아준다.

* 아이싱이라고 부르는 설탕으로 만든 혼합물

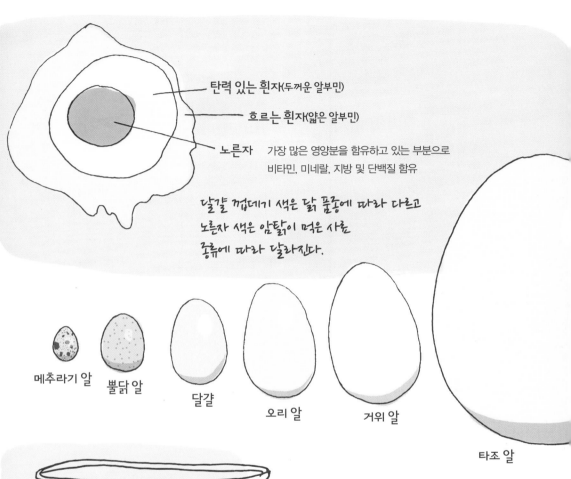

탄력 있는 흰자(두꺼운 알부민)

흐르는 흰자(얇은 알부민)

노른자 가장 많은 영양분을 함유하고 있는 부분으로
비타민, 미네랄, 지방 및 단백질 함유

달걀 껍데기 색은 닭 품종에 따라 다르고
노른자 색은 암탉이 먹은 사료
종류에 따라 달라진다.

메추라기 알    뿔닭 알    달걀    오리 알    거위 알

타조 알

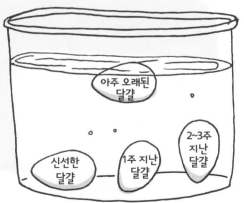

달걀이 얼마나 오래되었는지 확인하려면
물에 넣어보면 된다. 오래된 달걀일수록
기포가 커서 물 위로 뜬다.

# 즉석 달걀 요리 조리법

통나무 위
아담과 이브

뗏목 위
아담과 이브

난파당한 뗏목 위
아담과 이브

햄에그

웨스턴 오믈렛

물에 빠진 아이들
(완숙 달걀)

영원한 쌍둥이

두 개의 해 모양 달걀 프라이 *

가족 상봉

*  달걀 프라이 두 개를 뒤집지 않고 한쪽만 익혀 반숙

키스 더 팬*

탁 소리 나게
달걀 깨기

스크램블 에그

달걀 프라이 두 개와
베이컨 한 줄

난파와 울음
(살짝 익힌 스크램블 에그)

스크램블 에그와
과일 주스

바싹 구운 토스트 위 버터

잼 바른 토스트

구워낸 영국식 머핀

* 달걀을 뒤집어 양면을 익힌 반숙 프라이

CHAPTER 5

# 우유의 변신,
유제품

# 유제품의 평균 유지방 함유량

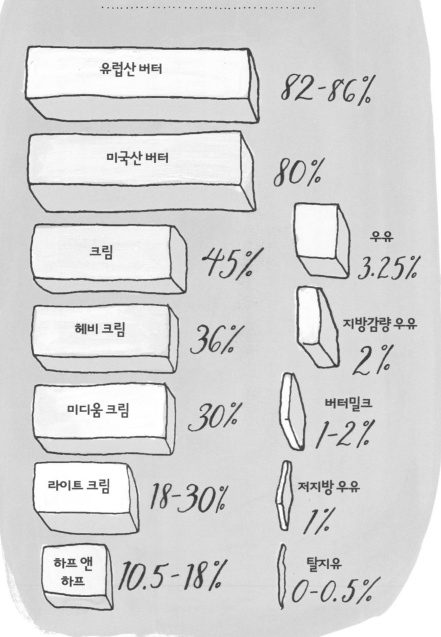

유럽산 버터 82-86%

미국산 버터 80%

크림 45%

헤비 크림 36%

미디움 크림 30%

라이트 크림 18-30%

하프 앤 하프 10.5-18%

우유 3.25%

지방감량 우유 2%

버터밀크 1-2%

저지방 우유 1%

탈지유 0-0.5%

# 알아두면 유용한 우유생산과 관련된 용어

**butter milk** (버터밀크)   버터가 형성된 후 남은 액체

**cream** (크림)   우유에서 분리되어 위에 뜬 고체 유지방

**cultures** (컬쳐스)   유당(락토스)을 젖산으로 바꿔주는 세균.
요거트, 버터밀크 및 수많은 종류의 치즈를 만드는 데 쓰인다.

**curds** (커드)   우유에 레넷을 넣어 응고시킨 부드러운 덩어리

**homogenization** (균질화)   크림이 넘치는 것을 방지하기 위해
유지방을 분해하여 골고루 섞이게 하는 과정

**pasteurization** (저온살균)   우유의 보존기간을 늘이기 위해 생 우유를 최소
약 섭씨 62.7도로 짧게 가열한 후 빠르게
식히는 처리 과정

**raw milk** (미살균 우유)   젖소나 염소, 양에게서 바로 짜내 저온살균하지 않은
신선한 우유

**rennet** (레넷)   우유를 응고하고 치즈를 형성하는 효소

**whey** (유청)   치즈나 요거트를 만드는 과정에서 생기는 액상의 부산물.
리코타 치즈와 같은 색다른 치즈를 만드는 데 사용할 수 있다.

베이킹 팁 : 급하게 버터밀크가 필요할 때는 우유 한 컵에
식초나 레몬 즙을 한 수저 넣고 10분 정도 응고되게
놓아두면 산성화 버터밀크를 만들 수 있다.

# 맛있는 유제품들

**요거트**

우유에 종균을 넣으면 유당이 젖산으로
바뀌며 요거트가 된다. 소화 및 건강에
전반적으로 도움을 주는 유산균을
함유하고 있다.

파르페

구운 감자

**사워크림**

저온살균 처리하지 않은 갓 짜낸 우유에서 얻은
크림을 시큼해질 때까지 실온에 놔둔다.
자연적으로 형성된 세균이 두터운 질감과
톡 쏘는 향미를 만들어준다. 요즘에는 주로
인공적으로 세균을 넣어 제조한다.

클로티드 크림
잼
스콘

**클로티드 크림**

데번셔 크림 또는 코니시 크림이라고도
한다. 이 맛있는 영국산 크림은 유지방을
듬뿍 포함한 우유를 찐 후 천천히 식혀
위로 떠올라 엉긴 지방으로 만든다.

베이글

**크림치즈**

33% 고지방에 수분이 풍부하고 발라 먹기
좋은 우유 치즈로 필라델피아가 아닌,
뉴욕에서 탄생했다.

## 크렘 프레슈

사워크림과 비슷한 방법으로 만든다. 톡 쏘는 맛이 나는 토핑으로 사워크림보다는 농도가 덜 지속되고 시큼함이 약하며 더 많은 지방을 함유하고 있다.

## 클래버

한때 이스트로 사용되었던 옛 식재료로 특정 습도와 온도에서 저온살균하지 않은 우유가 굳어질 때까지 며칠 방치해둔다. 요거트처럼 달게 먹거나 풍미 있게 먹을 수 있다.

## 코티지 치즈

우유에 열을 가해 레넷과 버터밀크를 넣은 후 유청을 짜내는 간단한 과정을 통해 만든다.

피자

리코타 치즈

## 파머 치즈

미국에서는 우유, 양젖 또는 염소젖으로 만든 코티지 치즈를 눌러 오랫동안 물기를 빼내어 만든다.

## 리코타 치즈

과거의 리코타 치즈는 치즈를 만들고 남은 유청을 다시 가열해 남아 있는 단백질들이 부드럽고 말랑한 덩어리로 뭉칠 때까지 끓여 만들었다. 오늘날 리코타 치즈는 보통 우유와 산미료를 커드와 유청이 분리될 때까지 끓여 만든다.

# 쉽게 버터 만들기 3단계

## 1단계

최상품질의 헤비 크림을 믹서 또는 푸드 프로세서로 젓는다. 노르스름한 커드가 버터밀크에서 분리될 때까지 젓는다. (버터밀크 1컵을 얻기 위해서는 최소 2컵의 헤비 크림이 필요하다.)

## 2단계

커드에서 버터밀크를 짜낸다. (팬케이크를 만들기 위해 잘 보관해두자.)

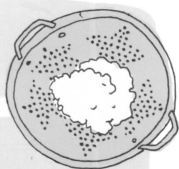

## 3단계

커드를 둥근 공 모양으로 만든 후 나무 스푼으로 최대한 눌러 버터밀크를 짜낸다.

# 진짜 맛있는 버터밀크 팬케이크

**재료** 밀가루 2컵
설탕 2테이블스푼
베이킹파우더 4티스푼
베이킹소다 1티스푼
고운 천일염 1티스푼
진짜 버터밀크 2컵
녹인 무염 버터 4테이블스푼
큰 달걀 2개를 푼 달걀 물
식물성 오일, 요리용 오일 스프레이 또는 버터

요리법

1. 번철이나 커다란 냄비를 중간 불로 예열한다. 냄비 표면에 물을 한 방울 떨어뜨렸을
   때 바로 증기가 피어오르면 충분히 달궈진 것이다.

2. 커다란 사발에 밀가루, 설탕, 베이킹소다, 베이킹파우더와 소금을 넣고 섞는다.

3. 중간 크기의 사발에 버터밀크, 녹인 버터와 휘저어놓은 달걀을 섞는다.

4. 섞어둔 버터밀크 혼합물을 만들어놓은 가루 재료와 잘 섞는다. 덩어리가 거의 없어
   질 때까지 저어야 한다.

5. 번철에 오일 스프레이나 버터로 기름칠한다. 팬케이크는 한 번에 약간씩 굽는다. 필
   요하면 오일을 더 추가한다. 바닥이 갈색으로 구워지고 표면에 거품이 올라오면 뒤
   집는다. 시럽과 잼을 곁들여 낸다.

# 치즈 자르기

훌륭한 치즈 플래터는 다양한 치즈의 풍미와 식감, 모양 및 색감을 보여준다. 여러 종류의 우유로 만든 치즈,
숙성기간이 다른 치즈 모두 상이한 형태로 자른다. 또 여기에 잘 어울리는 곁들임 음식이 필요한데, 주로 달콤한
음식을 함께 낸다. 질 좋은 꿀 종류와 무화과 이외의 과일 저장식품이나 말린 과일, 견과류를 곁들인다.

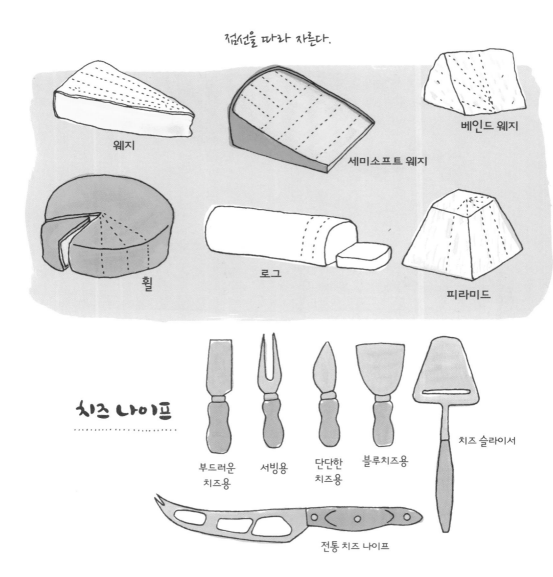

점선을 따라 자른다.

웨지

세미소프트 웨지

베인드 웨지

휠

로그

피라미드

치즈 나이프

부드러운
치즈용

서빙용

단단한
치즈용

블루치즈용

치즈 슬라이서

전통 치즈 나이프

# 치즈의 구조

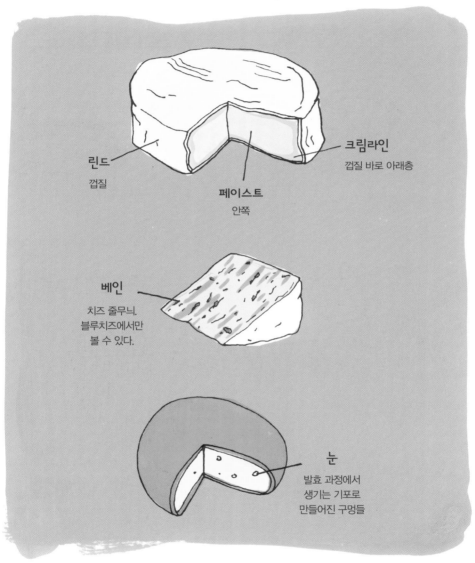

**린드**
껍질

**크림라인**
껍질 바로 아래층

**페이스트**
안쪽

**베인**
치즈 줄무늬.
블루치즈에서만
볼 수 있다.

**눈**
발효 과정에서
생기는 기포로
만들어진 구멍들

# 치즈 만들기의
## 기본 단계

. . . . . . . . . . . . . . . . . . .

### 1. 우유를 가열한다.

### 2. 스타터를 넣는다.

스타터는 유당을 젖산으로 만드는 활성
세균으로 만들어졌으며 치즈
숙성 정도를 조정할 수 있도록
돕는다.

### 3. 레넷 효소를 넣는다.

레넷은 우유를 응고하고
커드를 만들어주는 효소이다.

### 4. 커드 덩어리를 자른다.

커드 나이프

### 5. 커드를 가열한다.

### 6. 커드를 거른다.

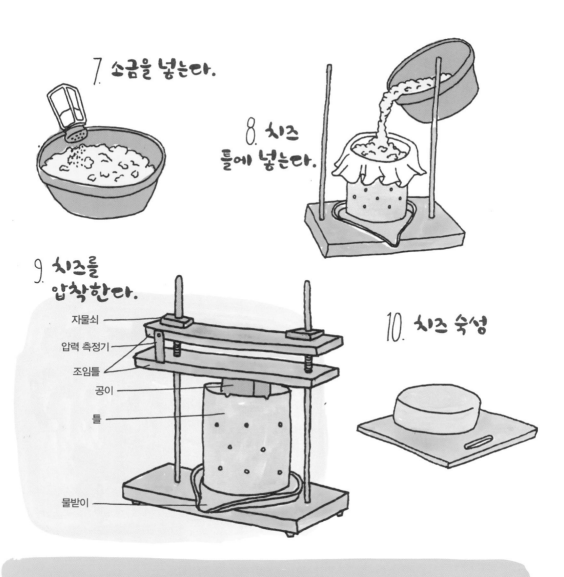

7. 소금을 넣는다.

8. 치즈 틀에 넣는다.

9. 치즈를 압착한다.

자물쇠
압력 측정기
조임틀
공이
틀

물받이

10. 치즈 숙성

전해 내려오는 옛 이야기에 따르면 치즈의 기원은 몇 세기 전에 시작된다.
유목민 부족이 신선한 우유를 송아지 창자로 만든 주머니에 담아
사막을 건너는 과정에서 처음 만들어졌다고 한다.

우유 + 송아지 위장 속 자연 레넷 + 따뜻한 온도 = 치즈

# 치즈의 종류

．．．．．．．．．．．．．．．．．．．．．．．．．．．．．．．．．．．．．．．．．．．

치즈는 포유동물의 종류와 상관없이 어떤 젖으로든 만들 수 있다. 물소, 말 심지어 야크나 낙타의
젖으로도 만들 수 있다. 우유, 염소젖, 양젖으로 만든 치즈가 가장 일반적이다. 치즈를 분류하는
방법은 우유의 종류보다 훨씬 더 다양하지만 치즈 장수들은 다음과 같이 나누었다.

고트 치즈
(염소 치즈)

## 생 치즈

만든 지 얼마 되지 않은 부드럽고
촉촉한 치즈로 숙성 과정을 거치지
않아 보존기간이 짧다.

모차렐라 치즈

## 블루미 린드

부드럽고 때로는 몽글몽글한 버섯 향이 난다.
흰 껍질은 치즈 표면에 곰팡이가 형성된 결과로
먹을 순 있다. 흔히 바깥쪽에서부터 숙성된다고
해서 연질숙성 치즈라고 한다.

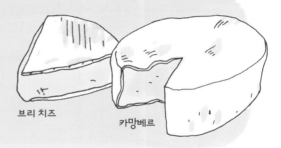

브리 치즈

카망베르

유럽에서는 전통적으로 생 우유로 이처럼 어린 치즈들을 만들지만, 미국에서는
생 우유 치즈를 판매하는 것이 불법이라 판매 전 최소 60일 이상은 숙성해야 한다.

## 워시드 린드

풍미를 더하고 향을 내는 세균 배양을 위해
껍질을 소금물이나 맥주 또는 버번 등으로 세척한다.
촉촉하게 적신 치즈를 소위 스팅키 치즈(냄새 고약한 치즈)
라고 한다. 껍질은 먹지 않아도 된다.

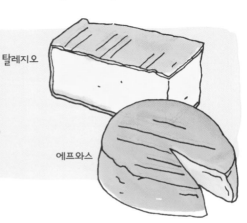

탈레지오

에프와스

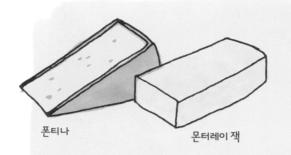

## 준 연질 치즈

겉껍질이 거의 없거나 아예 없어 부드럽고 촉촉하며 크림 같은 맛이 나는 다양한 풍미의 치즈

폰티나

몬터레이 잭

## 경질/고형 치즈

일반적으로 이 치즈들은 다른 치즈들보다
오랜 숙성기간을 거친다. 겉껍질이 두껍고
껍질은 먹지 않는 경우가 대부분이며
부드러운 맛보다는 강렬한 풍미가 난다.
체다 치즈나 고다 치즈 등은 대개
단단한 고형 치즈이다.
얼마나 오래 숙성하느냐에 따라
맛의 깊이가 달라진다.

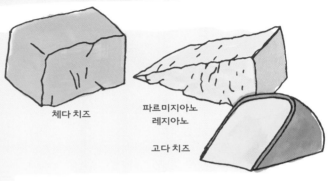

체다 치즈

파르미지아노
레지아노

고다 치즈

이런 치즈들은 모두 PDO, 즉 유럽 원산지
인증서를 보유하고 있다. 이것은 특정
지역의 특정 품질 기준에 따라
생산한 낙농제품임을 인증하는 것이다.

로크포르

고르곤졸라

## 블루치즈

치즈 표면에 잎맥 같은 무늬나 마블링은
치즈를 만드는 과정에서 주입된 곰팡이
효소 때문이다. 대부분의 블루치즈는
톡 쏘면서 짭짤하고 단맛을 낸다.

# 미국 치즈

일반적으로 미국 치즈는 다른 종류의 치즈 입자를
혼합 가열해 만든다. 저온살균 처리 과정을
거친 미국 치즈는 얼마나 많은 종류의 치즈를
사용했느냐에 따라 맛의 깊이가 달라진다.
진짜 미국 치즈는 대부분 치즈에 소량의 산과
크림, 유지방, 물, 소금, 식용색소와 향신료를
추가한다. 이처럼 치즈에 첨가물과
유제품 부산물, 유화제, 기름 등 다른 재료가
추가되면 반드시 '가공치즈 식품' 또는
'가공치즈 제품'이라는 라벨을 부착해야 한다.

치즈 휘즈
(가공치즈 제품)

벨비타 치즈(가공치즈 식품)

미국산 치즈와 치즈류 식품은 수분 함량이 높아 쉽게 녹는다.
치즈의 수분 함량이 낮을수록 열을 가해도 금방 녹지 않는다.
물론 제품을 부드럽고 균일하게 만들기 위해 추가로 첨가하는 크림과 물 그리고
때로 기름이나 유화제 등을 넣는 것 또한 치즈가 쉽게 녹을 수 있게 한다.

그릴드 치즈
샌드위치

# 치즈의 달인

## 아피뇌르(치즈 정련공)

치즈가 제대로 숙성되었는지 확인하는 책임을
맡은 숙련된 전문가를 뜻하는 프랑스어로 린드를
세척하는 등 직접 손질하는 역할을 한다.

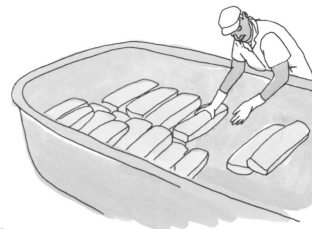

## 체더

동사로 사용할 때 체더(chaddar)는 커드를 쌓고
돌리는 치즈 만드는 기술을 뜻한다. 커드들이
균일하게 압착되어 질감이 매끄럽고 단단해질
수 있도록 하는 방법이다.

## 트랑쥐망스

영어로 하면 트랜스휴먼스(transhumance)라고 한다. 이름과는 반대로 사람들이
아니라 계절의 변화에 따라 가축들을 다른 곳으로 이동하게 하는 것을 의미한다.
보통 겨울에는 낮은 평지 쪽으로, 여름에는 높은 고원으로
가축들을 이동시킨다. 알프스에서는 이러한 가축의
이동으로 몇몇 세계 최고의 치즈들을 생산하고
멋진 가을 축제의 장관까지 펼쳐진다.

## 파스타 필라타

모차렐라, 카치오카발로, 프로볼로네 같은 치즈들을
만드는 기술을 뜻하는 이탈리아어다.
이러한 치즈들은 커드를 늘려 반죽한다.

CHAPTER 6

그냥
지나칠 수 없는
길거리 음식

**버니차우**
남아프리카

속을 파내고 커리를
채운 빵

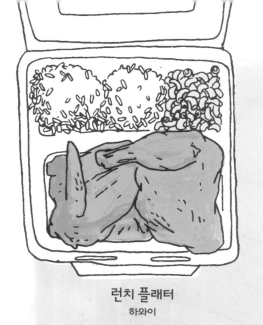

**런치 플래터**
하와이

두 주걱 정도되는 흰 쌀밥에 보통 찬 음식을
곁들이고 따뜻한 음식을 주 요리로 구성한다.

**취두부**
중국

발효시킨 두부

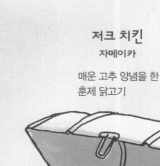

# 재미있는 이름의
# 식사 대용 간식들

**저크 치킨**
자메이카

매운 고추 양념을 한
훈제 닭고기

**차트**
인도

튀긴 쌀, 가는 국수 튀김, 향신료,
소스 및 여러 다른 재료들을
섞은 요리

마요네즈

**벨기에**

Banana Sauce

**필리핀**

**캐나다** 푸틴—그레이비 소스와 녹인 치즈를
끼얹어 먹는 감자튀김

SEASON

**일본**

후리카케 — 일본식 양념 가루.
마늘, 말린 생선가루, 김, 참깨,
설탕, 소금 및 MSG

# 감자튀김에는
# 뭘 뿌려 먹을까?

# FRIES

**네덜란드**

요피 소스 또는 더치
커리 양파 마요네즈 소스

**불가리아**

갈은 불가리아
페타 치즈로
시레네라고 한다.

**덴마크/프랑스**

마요네즈와 머스터드 소스,
케이퍼, 멸치 등을 섞은
레물라드 소스

# 다양한 감자튀김의 종류

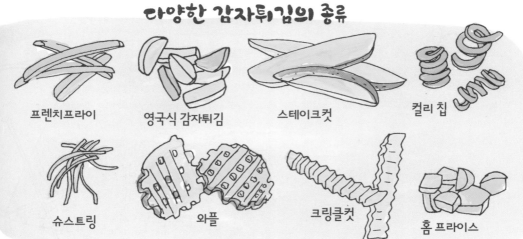

프렌치프라이

영국식 감자튀김

스테이크컷

컬리 칩

슈스트링

와플

크링클컷

홈 프라이스

# 핫도그

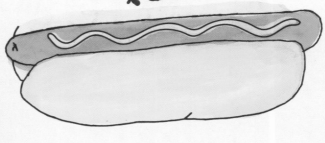

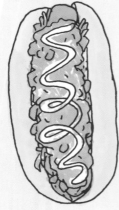

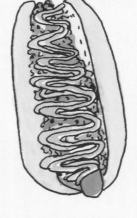

## 칠리안 콤플리토

으깬 아보카도, 마요네즈, 잘게 썬 토마토와 사우어크라우트에 페브레(pebre)라고 하는 칠리페퍼 양념을 곁들여 먹는다.

## 콜롬비안 페로 칼리엔테

주로 크게 썬 파인애플, 핑크 소스 같은 러시아 드레싱, 케첩, 으깬 포테이토칩과 치즈 등 토핑을 넣어 먹는다.

## 브라질리안 콤플리토

갈은 양념 쇠고기, 채 썬 당근, 잘게 썬 햄, 감자 스틱, 옥수수 통조림, 완숙 달걀, 고수와 함께 잘게 썬 피망, 토마토, 양파를 섞어 먹는다.

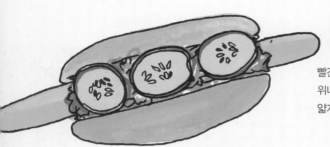

## 대니시 로드 풀스

빨간 소시지라고도 부른다. 빨간색 가늘고 긴
위너 소시지를 생 양파, 레물라드 소스 및
얇게 썬 오이와 함께 먹는다.

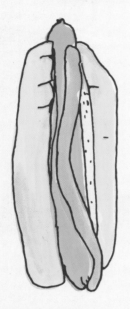

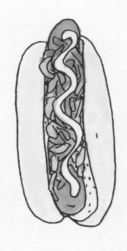

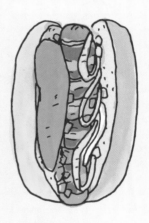

## 아이슬란딕
## 필쇠르

말린 양파 튀김과
필슈시넵 소스

## 뉴욕
## '더티 워터' 도그

카트에서 파는 핫도그로
끓인 물의 증기로 핫도그를
익혀 만든다. 흑겨자와
사우어 크라우트, 토마토 양념,
양파 소스가 들어간다.

## 로스앤젤레스
## 스트리트 도그

베이컨으로 소시지를 감싸고
그 위에 구운 양파나
깍둑깍둑 썬 토마토 그리고
구운 칠리페퍼를 얹는다.

# 꼬치구이를 먹는 5가지 방식

## 에스페티노

브라질에서 사용하는 포르투갈어로
'작은 꼬치'라는 뜻이다. 생각할 수 있는
거의 모든 음식을 끼워 숯불 석쇠에
구워 먹는다. 보통 핫소스와 파링야(farinha)
또는 바삭하고 거칠게 빻은 밀가루와 함께 낸다.

## 치슬릭

사우스다코타의 명물인 쿠바식 구운 고기.
양념한 사슴고기, 어린 양고기, 양고기 등에
이쑤시개를 꽂아 짭짤한 크래커, 마늘 가루와
함께 낸다.

## 사테

코코넛밀크, 강황과 그 밖의 다른
향신료에 고기를 재워 구워낸 요리로
땅콩 소스와 채소 초절임과 함께 차린다.
전통적으로 동남아시아에서는 바나나 잎
위에 구워낸다.

## 안티쿠초스

페루식 고기 꼬치구이. 일반적으로 꼬치에 식초와 고추, 커민,
마늘에 절인 소 심장과 감자, 빵 조각을 함께 끼워 먹는다.

## 아로스티치니

이탈리아 아브루초 지역의
양고기 꼬치로 운하 모양의
카날레(canala)라고 하는
긴 석쇠에 굽는다.

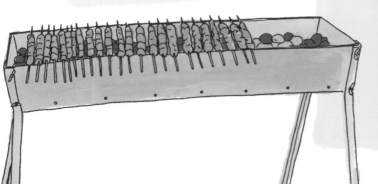

# 푸드 트럭의 구조

Prestige Food Truck.com의 전개도를 참고해서 그렸다.

# 길거리에서 …

이탈리아의
군밤 냄비

북경의
마라탕 노점

마라탕은 다양한 재료를 넣어 먹는
매운 탕 요리다.

멕시코의
앰블란테스

플라타노스는 플랜틴
바나나 튀김이다.

## 일본의 야타이

일본의 포장마차로 라면이나
간단한 음식들과 함께
맥주, 사케, 소주도 판다.

## 자카르타의
## 카키 리마

작은 수레를 개조한 포장마차에서 보통
과일 채소 샐러드인 리야크(riyak)를 판다.

## 뉴욕의
## 핫도그 카트

SAUSAGE
HOT DOG
COLD DRINK

HOT
DOG

# 피자, 피자!

## 뉴욕 슬라이스

거리에서 흔히 찾아볼 수 있는 작은 피자
가게에서 파는 평범한 치즈 피자로 보통
1달러 몇 센트 정도 한다.

## 시실리안 피자
## 슬라이스

두껍고 네모난 모양의 파이 피자로 바삭한
베이스에 크러스트가 빵처럼 푹신하고
말랑하다.

## 뉴저지 토마토 파이

두껍고 질긴 크러스트에 으깬 토마토를 두텁게 올리고
치즈를 약간 갈아 올린다. 시칠리아 팔레르모에서
만드는 스핀초네와 비슷하다.

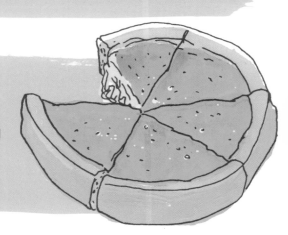

## 시카고 딥 디시

깊이가 깊은 파이 팬에 구운 피자로 토핑 아래에
치즈를 깔고 위에 소스를 뿌린다.

## 피자 알 탈리오

로마 방식의 피자로 전기 오븐 속에
기다란 사각형 팬을 넣어 구워내
가위로 잘라 무게를 재 판다.

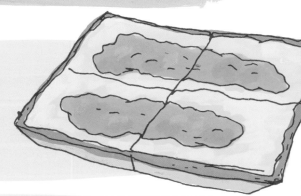

## 디트로이트 딥 디시

디트로이트에서 유래한 피자. 기름칠이 잘된
팬에 구워 크러스트가 튀긴 듯 바삭하다.
두 번씩 구워내기도 한다.

## 나폴리 마르게리타 피자

이탈리아 나폴리 근처에서 유래되었다. 나무를 때는
화덕에 피자를 빠르게 구워내면 크러스트가 더 잘
부푼다. 마르게리타는 산 마르자노 토마토와 바질
그리고 캄파니아의 버팔로 젖으로 만든
모차렐라로 만들어야 한다.

## 세인트루이스 피자

크래커처럼 얇은 크러스트에 프로볼*을 올려
네모나게 잘라 낸다.

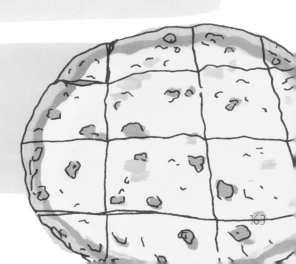

---

\*   흰색의 체다 치즈로 스위스, 프로볼로네 치즈를
    섞어 만든 가공치즈

# 타케리아에 가자!

**타코에는 …**

| | |
|---|---|
| **buche**(부체) | 돼지 위 |
| **cabeza**(카베사) | 소머리 |
| **lengua**(렝구아) | 소 혀 |
| **arabes**(아라베스) | 매콤한 맛의 갈은 양고기를 토르티야로 감싼 음식 |

# 토르타

다양한 재료로 속을 채운 샌드위치를 총칭하는 말. 보통 빵 위쪽이 갈라진 테렐라(telera)라는 부드러운 빵에 콩, 칠리, 아보카도를 넣어 낸다.

# 수아데로

소 뱃살과 넓적다리 살을 가늘게 채 썰어 반구형 번철에 요리한다.

# 틀라유다

커다랗고 바삭한 토르티야 위에 콩과 라드 그리고 다른 재료를 얹어 먹는다. 특히 모차렐라 같은 오악사카의 치즈 가닥을 얹는다.

# 고르디타 데 치카론

고르디타는 스페인어로 뚱뚱하다는 뜻이다. 그런 의미에서 빵 반죽을 푹신하게 튀겨내고, 고추와 함께 끓인 돼지 껍데기를 채워 먹는다.

# 알람브레

고기, 양파, 피망을 섞어 구운 후 녹인 치즈를 얹어 토르티야 여러 개와 함께 낸다.

## CHAPTER 7

# 없으면 아쉬운
# 조미료와 향신료

# 6가지 최상의 향신료 배합

회향 꽃
(펜넬)

씨앗

정향
(클로브)

## 오향분

．．．．．．．．．．．．．．．．．．．．．．．．．．．．．．．．．．．．．．．．

쓰촨 후추를 맛보면 향긋한 풍미와 약간 매운맛으로 혀가 찌릿해지는 경험을 할 수 있다.
쓰촨 후추는 검은 후추나 매운 고추와는 다르다. 보통 기름진 고기나 맛을 낸 기름을 사용해
만들며 식재료는 지역마다 다양하다.

계피(시나몬)

아래 재료들을 섞는다.

> 계피가루 1테이블스푼
> 정향가루 1테이블스푼
> 볶아서 간 회향 씨 1테이블스푼
> 팔각가루 1테이블스푼
> 볶아서 간 쓰촨 후추 1테이블스푼

팔각

백리향
(타임)

## 자타르

．．．．．．．．．．．．．．．．．．．．．

시큼한 맛이 나는 자극적인 향신료로 보통 백리향과 참깨 그리고 신맛의 작고 검붉은
옻 열매를 말려 빻은 후 섞어 만든다. 자타르는 대개 질 좋은 엑스트라 버진 올리브유를
따뜻한 빵에 넉넉히 뿌려 먹는다.

아래 재료들을 섞는다.

> 잘게 다진 신선한 백리향 2테이블스푼
> 볶은 참깨 2테이블스푼
> 수막가루 2테이블스푼
> 천일염 1/2티스푼

옻

참깨
꽃식물

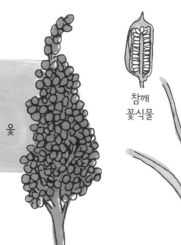

피킨페퍼

# 미트미타

. . . . . . . . . . . . . . . . . . . .

복잡 미묘한 풍미의 에티오피아 혼합 향신료인 베르베르(berbere)만큼
잘 알려지진 않았다. 고춧가루가 주를 이루는 향신료로 콩 위에 뿌려 먹거나
킷포(kitfo)라는 쇠고기 육회 요리를 만들 때 클래리파이드 버터*와 섞어낸다.

_____

\* clarified butter, 버터를 약한 불에 천천히 녹여 유지방을 분리해 걸러서 쓰는 것

아래 재료들을 곱게 빻는다.

말린 피킨(pequin) 또는 새눈 고추 226g
검은 소두구 콩꼬투리 1테이블스푼(껍질을 벗겨 씨앗을 볶는다.)
볶은 통 정향 1/2 테이블스푼
천일염 1/4컵

콩꼬투리

소두구
식물

씨앗

# 가람 마살라

. . . . . . . . . . . . . . . . . . . . . . . . .

인도 아대륙 가람에서 반드시 먹어봐야 할 양념으로, '매운 혼합물'을 뜻한다.
요리사마다 사용하는 방법이 다양하며 여러가지 매운 향신료가 많이 들어간다.

아래 재료들을 향이 날 때까지 볶은 후 곱게 갈아 가루로 만든다.

고수 씨 4테이블스푼
커민 씨 1테이블스푼
검은 후추 1테이블스푼
검은 커민 씨 1 ½테이블스푼
갈은 생강 1 ½테이블스푼
검은 소두구 콩꼬투리 4개분의 씨
통 정향 25개
약 5cm 크기의 계피를 잘게 부순 것
으깬 월계수 잎 1개

커민

생강

월계수

고수 씨

## 하와지

고수

예멘의 다용도 양념으로 수프, 채소, 구운 고기 또는
밥에 넣어 먹는다. 또 아니스, 회향, 생강 및 소두구를 섞어
향신료를 만들어 커피나 차 맛을 더하는 데 쓴다.

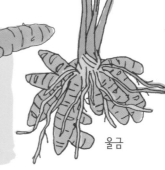

아래 재료들을 향이 날 때까지 볶은 후 곱게 갈아 가루로 만든다.

뿌리

검은 후추 6 ½테이블스푼
커민 씨 1/4컵
고수 씨 2 ½테이블스푼
으깬 녹색 소두구 콩꼬투리 1 ½테이블스푼
울금가루 3 ½테이블스푼

울금

칠리페퍼

## 시치미 토가라시

시치미(seven-spice pepper)라고도 알려져 있는 향신료로 식탁 위에 올려두고 조미료로 쓰며
국에 뿌리거나 다른 음식에 뿌려 먹는다.

아래의 재료들을 볶아서 함께 갈아서 쓴다. (갈은 생강은 제외)

양귀비
열매

고춧가루 3티스푼
일본 산초가루 또는 쓰촨 후추 3티스푼
말린 김가루 1티스푼
말린 귤피 3티스푼
볶은 흰 참깨 2티스푼
볶은 검은 참깨 1티스푼
볶아서 간 양귀비 또는 대마 씨 1티스푼(또는 갈은 생강을 쓴다.)

쓰촨 후추

# 끝내주게 매운 맛

모든 매운 소스의 주재료는 고추다. 엄청나게 다양한 맛이 나는 이 열매는 익어가며 다채로운 향을 낸다. 많은 나라에서 독특한 고추와 핫소스들이 기본적인 음식의 맛으로 자리 잡고 있다.

## 케이엔

맵고 흙 내음이 나며 잘 익어 빨간 케이엔 고추를 소금으로 간하여 통에 담아 발효한 후 식초로 희석한다. 전형적인 루이지애나 방식의 매운 소스 맛을 낸다.

## 스카치 보넷

서인도에서는 꽃향기가 나는 스카치 보넷을 식초나 새콤한 감귤류 즙과 섞어 약간의 당근과 양파 다진 것을 더해 양념을 만든다.

## 버드아이

동남아시아에서는 과일 향이 나며 작고 몹시 매운 버드아이 고추를 마늘, 양파와 함께 빻아 라임 즙에 넣고 피시 소스로 희석한다.

### 캡사이신류

이 성분은 고추에 특별한 맛을 낸다. 다양한 캡사이신류가 있고 어떤 고추에는 다른 종보다 더 많은 캡사이신 성분이 함유되어 있다. 가장 잘 알려진 캡사이신류 성분은 캡사이신으로, 고추에 매운맛을 낸다. 고추 표면의 세포막과 씨에 가장 많이 함유돼 있다.

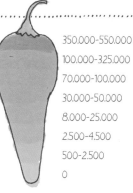

| | |
|---|---|
| 레드 사비나 | 350.000-550.000 |
| 하바네로 | 100.000-325.000 |
| 타이 고추 | 70.000-100.000 |
| 케이엔 | 30.000-50.000 |
| 세라노 | 8.000-25.000 |
| 할라페뇨 | 2.500-4.500 |
| 애너하임 | 500-2.500 |
| 스위트벨 | 0 |

인간의 관점에서 고추들의 매운맛 정도를 측정한 스코빌 지수(scoville unit)

# 약간 달콤한 맛

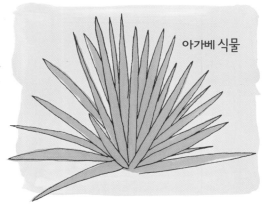

아가베 식물

## 아가베 시럽

잎이 뾰족뾰족한 아가베 식물에서 데킬라와
메스칼을 얻을 수 있다. 정제하지 않은 아가베는
매우 진하고 미네랄이 풍부하며 흙 맛이 난다.

## 꿀

꿀의 풍미에 가장 큰 영향을 주는 요인은 꽃이다.
가장 극찬받는 꿀 종류는 단일 꽃인 경우가 많다.
라벤더나 세이지 꽃밭이 가득한 언덕에서
꿀벌들이 모은 것이거나 감귤류 과수원 또는
황금 밀밭에서 꿀벌들이 모은 꿀이라는 의미다.
대량 생산된 꿀은 향미가 아닌 단맛을 내는 데
사용하는 것이 최선이다.

라벤더

벌집

벌집은 아름다운 데다 먹을 수도 있다.
치즈 플래터에 곁들여 보라.

## 사탕수수 시럽

이 감미료는 색이 짙고 달콤하며 묘한 풍미가 나는 데다
미네랄이 풍부하다. 루이지애나의 소중한 생산품목인
압착 사탕수수 즙을 농축해서 만든다.

사탕수수 대

# 설탕

설탕을 만드는 가장 흔한 방법은 단단한 크리스탈 결정이 형성될 때까지 사탕무나 사탕수수 즙을 끓여 식혀 만드는 것이다. 백설탕의 경우 무색의 입자만 남을 때까지 남아 있는 모든 식물성 물질을 정제한다.

# 당밀

당밀

진한 풍미의 이 갈색 액체는 설탕을 정제하고 남은 잔여물이다. 또한 당밀은 포도, 대추, 석류 그리고 다른 당분이 높은 과일즙으로도 만들 수 있다.

# 옥수수 시럽(콘 시럽)

수수

옥수수 전분에서 화학적으로 추출한 시럽이다. 바닐라 향과 소금을 가미한 라이트 콘 시럽에서 부터 당밀, 캐러멜 향과 소금을 섞은 다크 콘 시럽 그리고 더 달고 쉽게 녹으며 수분을 함유하고 있어 가공식품을 만드는 데 이상적인 고과당 콘 시럽까지 종류가 다양하다.

# 수수 시럽

수숫대에서 짜낸 시럽. 식이섬유를 많이 함유하는 당류다.

# 설탕 공장

설탕 공장

주로 미국 동북부와 캐나다에서 생산되는
메이플 시럽은 이른 봄 막 새 잎이 나려는
사탕단풍나무나 검은 단풍나무의 수액을
채취해 끓여 만든다.

쐐기못과 양동이

증류기

### 사탕단풍 재배원

사탕단풍을 만드는
수액이 모여 있는 곳

### 쐐기못

금속이나 플라스틱으로 된
깔때기 또는 마개로 나무에
박아 양동이에 수액을
모으는 역할을 한다.

| | |
|---|---|
| **설탕 공장** | 수액을 끓이는 곳 |
| **증류기** | 얇고 거대한 금속 팬 위에 나무나 가스를 이용해 불을 땐다. |
| **A급** | 색과 향이 가장 연한 시럽으로 버몬트 팬시로도 불린다. 싹이 트는 나무가 늘어나는 계절이 끝날 무렵에 채취한 수액은 색이 더 진하며 B급이라고 한다. |

# 크리미 메이플 모카 푸딩

**재료** 옥수수 전분 3테이블스푼
인스턴트 가루커피 1테이블스푼
무가당 코코아가루 1티스푼
소금 1꼬집
달걀노른자 3개
우유 3컵
메이플 시럽 원액 1/2 컵
무염 버터 1테이블스푼
바닐라 농축액 1티스푼

요리법

1. 바닥이 두꺼운 커다란 냄비에 옥수수 전분, 커피가루, 코코아가루, 소금을 넣고 잘 섞는다. 사발에 달걀노른자를 풀고 우유와 메이플 시럽을 추가한 다음 냄비에 넣고 젓는다.

2. 중간 불에서 강한 불로 서서히 끓이면서 고무 재질의 스패출러로 계속해서 천천히 저어준다. 가장자리가 눌어붙지 않도록 살펴가며 잘 젓는다. 1분 정도 끓이며 계속 젓다가 불을 끄고 버터와 바닐라를 넣고 다시 저어준다.

3. 국자로 4~5개 그릇에 나눠 담는다. 막이 형성되는 것을 방지하기 위해 기름종이를 적당한 크기로 잘라 각 그릇 위에 덮는다. 적당히 식으면 식탁에 차리기 전 냉장고에 몇 시간 동안 차게 보관한다.

# 올리브와 올리브 오일에 대하여

**칼라마타**
(그리스의 블랙 올리브)

**피콜린**
(프랑스의 그린 올리브)

**니수아즈**
(프랑스의 블랙 올리브)

## 산도

국제 올리브 위원회는 먼저 산도에 따라 올리브 오일의 등급을 매긴다. 일반적으로 산도가 낮을수록 더 다채로운 풍미가 느껴지고 항산화물질을 더 많이 함유한다. 일반 올리브 오일의 산도는 약 2%이고 버진 올리브 오일은 1.5% 그리고 가장 품질이 우수한 엑스트라 버진 올리브 오일의 산도는 0.8% 이하다.

**체리뇰라**
(이탈리아 풀리아 지역의 올리브)

**카스텔베트라노**
(이탈리아 시칠리아 지역의 올리브)

**말린 올리브**

올리브는 익으면서 녹색에서 검은색이 된다. 생으로 그냥 먹으면 쓰기 때문에
일반적으로 소금물이나 잿물에 넣어 절여 먹는다.
일부는 기름에 담가두기도 한다.

## 첫 단계의 콜드 프레스

실제로 모든 엑스트라 버진 올리브 오일은
처음 콜드 프레스(냉압) 방식으로 압착하여
짜낸다. 그런 후 다시 열을 가해 여러 번 압착하며,
양은 더 많지만 품질은 더 낮은 오일들을 짜낸다.

옛날 방식의 올리브 압착기

## 수확일

최고 품질의 엑스트라 버진 올리브 오일은
추수 후 바로 짜내 병에 보관한 것이다.
일부는 스테인리스강 통에 보관하다가
몇 년이 지난 후 병에 넣기도 한다.

## 풍미 가득한 시기

추수하고 나서 가장 먼저 압착한
오일은 가장 풍미가 강렬하다.
북반구에서는 가을에, 남반구에서는
봄에 추수한다.

## 여과되지 않은 오일

병 안에 아직 작은 과일
조각들이 남아 있는 오일.
완전히 여과되기 전 오일의
풍미가 더 풍부하지만 열을
가하면 잔여물이 탈 수
있으니 조심해야 한다.

## 원산지

추수부터 병에 담기까지의 기간은 짧을수록
좋다. 만약 라벨에 올리브의 원산지가 여러
나라로 표기되었다면 식탁에서 쓰는 소스
말고 요리용으로 사용하는 게 좋다. 또 유럽의
POD(원산지 보증서) 표시는 그 오일이 역사와
지역의 특성을 대표함을 인증하는 것이다.

# 겨자

겨자는 다양한 겨자 식물의 아주 작고 동그란 씨로 만든다.
이 씨를 으깨거나, 갈거나, 잘게 부수거나 통째로 넣어 만든다.
보통 식초나 와인 등 다른 양념들과 혼합하여 쓴다.

깍지

**노란색/흰색**
**겨자 씨**

약간 매운맛

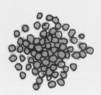

**갈색/검은색**
**겨자 씨**

맵고 알싸한 맛

벨기에 겐트에는 애들레이드 버렌트가 창립한 티에렌테인 버렌트(Tierenteyn Verlent)라고
하는 225년 된 겨자 가게가 있다. 원래 애들레이드는 프랑스에서 친척이 겨자 씨를 곱게 가는
법을 배워 오기 전까지는 향신료를 팔았다. (현재 이 기술은 기술이 완성된 도시의 이름을 따서 디종이라
이름 붙인 화이트 와인 겨자 제조법이다.) 카운터, 병, 찬장 등 모두 옛날 모습 그대로이며 여전히
코르크 마개가 달린 사기그릇에 담은 매콤한 겨자를 살 수 있다. 아주 오래된 목제 겨자 통에
저장되어 있는 겨자를 크기와 모양이 다양한 용기에 담아 판다.

# 식초 만들기 5단계

· · · · · · · · · · · · · · · · · · · · · · · · · · · · · · · · · ·

1. 유리그릇에 질 좋은 사이더, 맥주 또는 와인을 가득 채운다.

2. 초산균을 포함한 자연산 식초인 종초(vinegar mother)를 소량 넣는다. 이 세균이 에탄올(알코올)을 아세트산(식초)으로 바꿔준다. 대부분의 균종에서는 마치 해파리 같은 덩어리들을 볼 수 있는데 이것은 실제 섬유소로 발효하는 과정에서 나오는 부산물이다. 친구한테 조금 얻거나 자연적으로 발효한 식초 병에 조금 남아 있는 것을 사용해도 된다. 이론적으로 어떤 식초 균종이든 모든 종류의 알코올을 분해할 수 있으며, 알코올에 섞인 지 오래되어도 분해할 수 있다.

3. 병뚜껑을 깨끗한 행주나 몇 겹의 치즈 싸는 천으로 단단히 봉한다. 온도가 너무 낮아서 얼거나 약 32도 이상 올라가지 않는 곳에 보관한다. 알코올은 온도가 높을수록 식초로 더 빨리 발효된다. 만약 어느 시점이든 곰팡이를 발견한다면 전부 버리고 새로 시작해야 한다.

4. 이제 매주 맛을 보며 기다리면 된다. 한 달이 지나면 식초 맛이 나기 시작해 시간이 지날수록 더 신맛이 날것이다. 맛있을 때 식초를 따라내고 더 많은 양을 만들기 위해 알코올을 추가로 채운다.

5. 식초를 보관한다. 냉장고에 넣어 발효 과정을 늦추거나 열을 가해 발효를 완전히 멈추게 할 수 있다. 이는 식초를 실온에 보관해도 맛이 변하지 않는 뜻이다. 조금 사치를 부리고 싶다면 풍미를 더하는 목제 통에 더 오래 보관해 숙성하면 된다.

# 소금

## 식탁염

입자가 작고 부드러우며 균일하게 정제된 소금. 뭉쳐져 굳는 걸 방지하는 보조제와 요오드화칼륨을 섞어 만들어 보통 요오드 첨가 식염으로 판매된다.

## 코셔 소금

본질적으로 식탁염이지만 입자가 더 크고 잘 부서진다. '코셔'라는 말 뜻에는 소금으로 꾸준히 인정받은 코셔 소금만 있는 게 아니다. 요즘은 성분이 아니라 주로 스타일을 의미한다.

## 천일염

다양한 종류와 품질의 소금들로 대체할 수 있다. 하지만 일반적으로 식탁염이나 코셔 소금보다 입자가 더 크고 잘 부서진다.

소금 농사

소금에 관해 빠삭한 이들은 "엄밀하게 말하면 모든 소금은 바다소금이야, 땅속에 저장된 소금을 캐내 가공한 것이든 바닷물을 이런저런 방법으로 증발시켜 얻은 소금이든지 간에 말야"라는 농담을 즐긴다. 고대부터 해변에서 소금을 만들던 이들은 소금이 두꺼운 결정체를 이뤄 쌓일 때까지 해변에 줄지어 만든 작고 얕은 연못으로 바닷물을 퍼서 옮겼다. 그리고 나서 전통적으로 바구니 안에 긁어모아 가늘거나 굵은 입자로 갈았다.

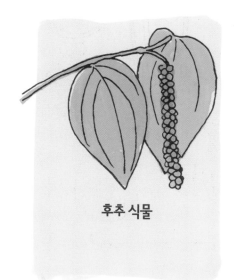

**후추 식물**

# 후추

흰색, 초록색 그리고 검은색 후추는 모두 같은 열대 덩굴에서
나온 씨이다. 서로 비슷하면서도 약간씩 다른 풍미가 있다.
흰 후추 열매는 다 익은 씨껍질을 벗긴 것이다. 초록색 후추는
아직 익지 않은 후추 열매를 따서 초록색이 지속되도록 처리한 것이고,
검은 후추 열매는 익지 않은 상태로 따서 뜨거운 물에 삶아
말린 것이다. 열대지방에 다양하게 분포한 후추 식물에는
수많은 종류가 있으며, 각각 수요가 많은 풍미적 특성이 있다.

| 핑크 | 텔리체리<br>블랙 | 말라바<br>블랙 | 사라왁<br>화이트 | 문톡<br>화이트 | 그린 |

# 페퍼 밀

웰시풍

이탈리아풍

터키풍

프랑스풍

현대의
덴마크풍

CHAPTER 8

'마시자!'
커피에서 탄산음료,
와인까지

# 커피

커피콩은 커피나무에서 열리는 붉고 선명한 핵과의
씨다. 커피체리 안에는 초록 커피콩이라고 불리는
커피콩이 있으며 이 초록 커피콩의 껍질과 과육을
제거하고 볶은 후 갈아 커피를 추출한다.
이 단계들은 커피의 재배지나 재배방식
만큼이나 커피의 풍미에 큰 차이를 만든다.
커피콩의 종류는 매우 다양하지만 가장 흔히 재배되는
두 가지 종은 아라비카와 로부스타이다.
일반적으로 말해서 아라비카는 과일 향과 산미가
좀 더 풍부하고 로부스타는 카페인이 더 많이
함유되어 있다.

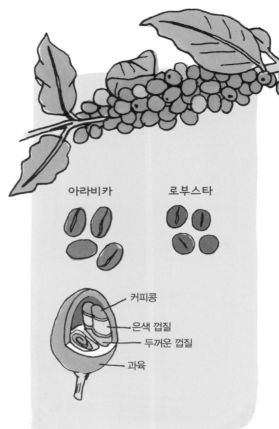

아라비카    로부스타

커피콩
은색 껍질
두꺼운 껍질
과육

다양하고
신기한
커피포트

케멕스

퍼컬레이터

모카포트

프렌치
프레스

사이폰
(진공
커피메이커)

# 에스프레소 가이드

에스프레소

리스트레토

마키아토

카페 크렘

카푸치노

아메리카노

브리브

모카 브리브

모카

블랙아이

카페라테

카페오레

카페 콘 레체

---

\* 에스프레소 머신으로 데운 우유

에스프레소 머신은 커피가루를 채워 압착하면 뜨거운 물을 내려 걸러내
진한 커피 액을 추출한다. 최초의 에스프레소 머신은 이탈리아 투린에서 1884년
안젤로 모리온도가 특허 낸 것이다. 그러나 1901년에 디자인이 갱신되면서
현재는 밀라노의 라파보니(La Pavoni)사에서 제조되고 있다.

# 카페인 함유량

홍차
8oz
14-70mg

녹차
8oz
24-45mg

싱글
에스프레소
80~100mg

블랙커피
1잔
100~125mg

# 흥미로운 차 이야기

본래 '차'는 카멜리아 시넨시스(camellia sinensis)라는 아시아산 관목인 차나무를 가리킨다. 하지만 최근에는 잎으로 우려낸 물들을 두고 모두 '차'라고 부르곤 한다. 차에는 수많은 품종과 특별한 재배 지역들이 있긴 하지만, 모든 차는 오직 중국 차와 인도산 아삼 차, 두 종류로 나뉜다.

카멜리아
시넨시스

백차
(황차)

1년 중 단 며칠 동안만 딸 수 있는 부드러운 새 순잎을 따서 산화를 방지하기 위해 빠르게 건조한다.

녹차

찻잎이 산화되는 것을 방지하기 위해 수확 후 빠르게 말린다.

우롱차

건조하기 전 약간 산화시킨 크고 성숙한 찻잎

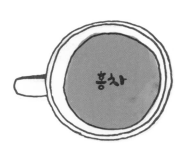

홍차

건조 전 찻잎을 짓이겨 산화시킨 상대적으로 어린 찻잎

보이차

발효 후 숙성되도록 둔 찻잎

어디에
차를 끓일까?

토코나메
일본

조지아 시대의 은제 찻주전자
영국

사모바르
러시아

이싱
중국

차이단륵
터키

# 세계의 티타임

**말차**
일본
· · · · · · · · · · · · ·
녹차가루

**포차**
남아시아
· · · · · · · · · · · · ·
차, 소금, 물,
야크 버터

**루이보스**
남아프리카

**수테이 차이**
몽고
· · · · · · · · · · · · ·
물, 우유, 차, 소금

**마살라 차이**
인도

**스위트 티**
남아메리카
· · · · · · · · · · · · ·
차, 설탕, 레몬

**차옌**
태국
· · · · · · · · · · · · ·
홍차,
설탕, 연유

**버블티**
대만
· · · · · · · · · · · · ·
티,
타피오카 펄

189

# 새콤달콤 다양한 레모네이드

## 파펠론 콘 리몬

베네수엘라의 음료로 정제하지 않은 흙색의 사탕수수, 물 그리고 라임이나 레몬 즙을 섞어서 만든다.

## 리모나나

갓 짜서 신선한 레몬 즙. 스피어민트 잎과 물을 섞어 만든 중동 음료

## 찬 무이

베트남의 레모네이드. 통째로 소금에 절인 레몬이나 라임, 설탕 그리고 물 또는 탄산수

## 아놀드 파머

레모네이드와 아이스티를 반반 섞은 음료로 미국 골프선수 아놀드 파머 (Arnold Palmer)의 이름에서 따왔다. 전하는 바에 따르면 아놀드 파머가 직접 이 음료 조합을 요청했다고 한다. 하프 앤 하프(half and half)라고도 한다.

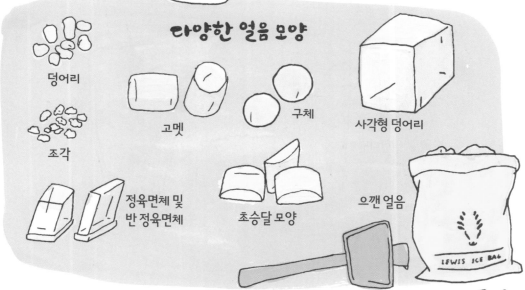

## 다양한 얼음 모양

덩어리

조각

고멧

구체

사각형 덩어리

정육면체 및 반 정육면체

초승달 모양

으깬 얼음

LEWIS ICE BAG

# 두 사람을 위한 님부 파니 만들기

인도 아대륙에서 온 향신료를 섞어 만든 이 레모네이드의 재료는
매우 다양하다. 생강을 많이 넣고, 사프란 줄기나 민트와 함께
장미수를 넣으면 좋다.

**재료**  커민가루 1티스푼
　　　　갓 짜낸 레몬 즙 2테이블스푼
　　　　칼라 나마크 또는 인도산 검은 소금 1/2티스푼
　　　　설탕 3테이블스푼
　　　　신선한 민트 잎 4잎(선택)
　　　　커다란 얼음 조각 1~2컵

## 요리법

1. 작은 냄비에 커민가루를 넣고 중간 불에서 강한 불로 향이 나고 노릇하게 볶아
   질 때까지 가열한다. 불을 끄고 한쪽에 치워놓는다.

2. 1.14L 정도 크기의 뚜껑이 있는 메이슨 병에 냉수 2컵을 붓는다.

3. 레몬 즙, 칼라나마크와 설탕을 넣고 뚜껑을 닫은 후 설탕이 녹을 때까지 병을
   흔들어준다.

4. 마지막으로 각각의 유리잔 바닥에 민트 잎 2장을 깐 다음 얼음 조각을 가득 채
   운다. 잔에 님부 파니를 따르고 얼음이 살짝 녹아 음료가 차가워질 때까지 저어
   준다. 원한다면 민트 잎을 좀 더 얹는다.

# 탄산음료

**탄산수 제조기**

위쪽의 밸브는
가스용이고,
아래쪽은 액체에
가스를 주입하는
용도이다.

**소다 사이폰**

물이 나오는
주둥이에 달린
밸브가 내용물의
압력을 유지한다.

**코드 넥**

거꾸로 뒤집어서 채운다.
구슬이 병 입구로 올라와
마개 역할을 한다.

## 탄산수

원래의 탄산수는 사실 셀터 워터(selter water) 또는
독일의 셀터 마을에서 자연적으로 기포가 발생하는
미네랄 스프링 워터였다. 여전히 천연에서 얻을 수
있는 스파클링 미네랄 워터들이 있기는 하지만,
오늘날 대부분의 탄산수는 인공적으로 만든 것이다.
1767년 조셉 프리스틀리(Joseph Priestley)라는 영국인이
정교하게 만든 처리 과정 덕분이다. 한때는 미네랄과
소금이 들어가기도 했지만 현재는 보통 일반 물에
탄산가스를 주입한다. 이산화탄소는 저농도에서 물에
녹으며 탄산을 생성하기 때문에 탄산수에서 엷은
타트 향이 나는 것이다.

## 소프트드링크

탄산을 주입하고 맛을 낸 물에 감미료와 향미료를 비롯해
색소와 방부제 그리고 때때로 카페인을 첨가한다.
하드드링크라고 불리는 술이 들어간 음료에 대비하여
소프트드링크라고 부른다. 각각 팝이나 소다라고도 부른다.

1899     1900     1950

# 콜라

탄산을 주입하고 맛을 낸 물에 캐러멜 색소와
카페인을 섞은 음료이다. 코카 잎에서 나는
코카인과 콜라너트의 카페인이 혼합된 전통
음료에서 영감을 얻어 만들어졌다. 존 펨버턴
(John Pemberton)은 1863년에 프랑스 약사가
만든 코카 잎 와인의 무알코올 판을 만들어
냄으로써 1886년에 코카콜라를 발명했다.

# 루트 비어

원래 사사프라스 나무의 뿌리껍질로 맛을 낸
무카페인 소프트드링크였지만 이제는 대개
인공 감미료로 맛을 낸다.

# 사르사

호주와 영국을 제외하고 이 무카페인 소프트드링크는 더 이상 사르사
덩굴로 만들지 않는다. 사르사 대신 자작나무를 사용한다. 보통 이 또한
루트 비어라고 불리는데 19세기 미국 서부에서 매우 인기 있는 음료였다.

# 버치 비어

여러 가지 다른 자작나무의 수액과 나무껍질로 만들고, 지역에 따라
맛과 향이 다양하다. 미국 동북부에서 가장 흔히 만든다.

# 발효주의 방정식

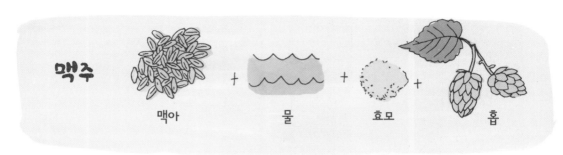

**맥주**  맥아 + 물 + 효모 + 홉

에일 vs. 라거

맥주는 어떤 종류의 효모를 쓰는가에 따라 몇 가지 다른 종류로 나뉜다. 에일 효모는 더 따뜻한 온도에서 작용하며 발효하는 기간 동안 수면 위로 떠오른다. 보통 기술적으로는 에스터라고 하는 과일 향을 만들어낸다. 전통적인 라거 스타일은 필스너이다. 라거 효소는 좀 더 낮은 온도에서 발효되며 아래로 가라앉는다.

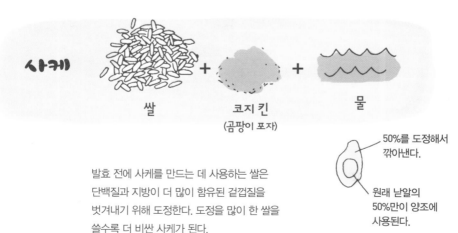

**사케**  쌀 + 코지 킨 (곰팡이 포자) + 물

50%를 도정해서 깎아낸다.

원래 낟알의 50%만이 양조에 사용된다.

발효 전에 사케를 만드는 데 사용하는 쌀은 단백질과 지방이 더 많이 함유된 겉껍질을 벗겨내기 위해 도정한다. 도정을 많이 한 쌀을 쓸수록 더 비싼 사케가 된다.

**콤부차**

차 + 스코비 (효모 + 세균) + 설탕

100년도 더 된 이 음료는 톡 쏘는 짜릿한 맛과 보다 건강에 좋은 성분 덕에 인기가 많다. 콤부차는 매우 진하고 달콤한 차에 공생하는 세균과 효모 균락을 섞어 발효시킨 것이다.

**사이더**

사과즙 + 효모

와인과 마찬가지로 크고 달콤한 열매로 만든다고 해서 맛있는 사과 주스가 되는 것은 아니다. 사이더는 전통적으로 사과 주스보다는 사과주를 말한다.

**2차 발효**

발효는 탄소를 만들어내지만 그것만으로는 샴페인 한 병 분량의 충분한 거품을 만들지 못한다. 거품을 만들기 위해서 와인 병에 리쾨르 드 티라주(liquere de tirage) 와인과 설탕을 혼합한 것, 효모 혼합물을 담아서 섞는데 이 과정을 2차 발효라고 한다. 병입 탄산화(bottle conditioning)라고도 하는데 몇몇 맥주와 사이더 제조에서 비슷한 과정이 이용된다.

# 와인 만들기의 기본 단계

**1. 포도 수확**

**2. 포도 으깨기**

## 3. 마세라시옹

포도 껍질과 씨 그리고 과육은
발효액과 뒤섞인다. 이 과정이
와인의 탄닌과 색, 풍미를 침출한다.
단지 포도 껍질을 사용하지 않는
것뿐이지 적포도로도 화이트 와인을
만들 수 있다. 로제 와인의 경우
마세라시옹 튜브에 포도 껍질을
단 몇 시간만 짧게 침출한 후
제거한다.

## 4. 발효

설탕 + 효모
↓
알코올 + 이산화탄소

## 5. 숙성

와인을 숙성시키면 향과 색 그리고 맛이 더 좋아진다. 와인을 숙성하는
이 단계에서 다양한 종류의 저장용기를 사용한다.

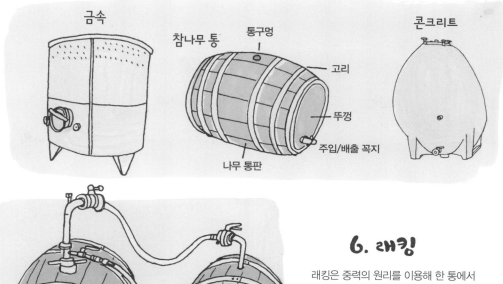

금속

참나무 통

통구멍

고리

뚜껑

주입/배출 꼭지

나무 통판

콘크리트

## 6. 래킹

래킹은 중력의 원리를 이용해 한 통에서
다른 통으로 와인을 옮기는 과정이다.
이 과정은 탄닌을 부드럽게 하고
와인의 향을 이끌어낸다.

## 7. 병에 채우기와
## 코르크 마개로 봉하기

인조 마개로 봉한 병은 세워 보관할 수 있다.
자연 코르크로 봉한 와인은 옆으로 뉘어
코르크가 마르지 않게 보관한다.

# 와인 시음회

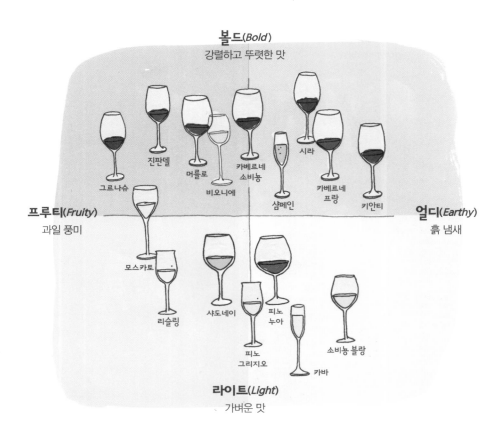

**볼드(Bold)**
강렬하고 뚜렷한 맛

**프루티(Fruity)**
과일 풍미

**얼디(Earthy)**
흙 냄새

진판델

머를로

비오니에

카베르네
소비뇽

샴페인

시라

카베르네
프랑

키안티

그르나슈

모스카토

리슬링

샤도네이

피노
누아

피노
그리지오

카바

소비뇽 블랑

**라이트(Light)**
가벼운 맛

## 와인 잔의 부위별 명칭

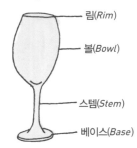

- 림(Rim)
- 볼(Bowl)
- 스템(Stem)
- 베이스(Base)

## 간단한 와인 용어

**바디(Body)** 입안에서 느끼는 와인의 무게감
(라이트, 미디엄 또는 풀 바디)

**크리스프(Crisp)** 적당한 산도

**드라이(Dry)** 달지 않음

**얼디(Earthy)** 유기물 같은 맛과 향

**펌(Firm)** 탄닛 맛이 강함

**노즈(Nose)** 향

# 증류

. . . . . . . . . . . . . . . . . . . . .

기본 액체의 종류와 목제 통에 저장하는 숙성 과정은 풍미에 영향을 준다.
또한 과학이면서 동시에 예술의 경지라고도 할 수 있는 전문적인 수준의
복잡한 증류 과정 또한 마찬가지로 풍미에 영향을 끼친다.

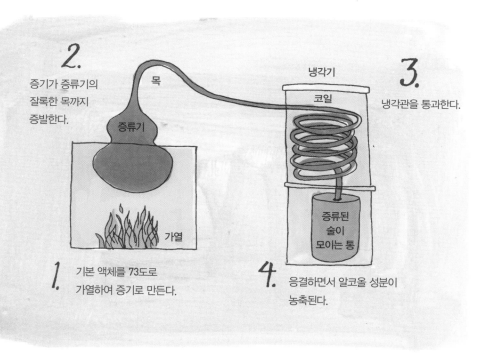

**2.**
증기가 증류기의
잘록한 목까지
증발한다.

목

증류기

가열

**3.**
냉각관을 통과한다.

냉각기

코일

증류된
술이
모이는 통

**1.**
기본 액체를 73도로
가열하여 증기로 만든다.

**4.**
응결하면서 알코올 성분이
농축된다.

발효된 사탕수수 또는 당밀 = 럼주
옥수수, 밀, 호밀 = 위스키
발효된 아가베 즙 = 데킬라
발효된 감자 = 보드카

# 유리잔의 종류

마티니    코스모    허리케인    마가리타    포코 그란데    하이볼    슈터

좀비    셰리    스니프터    아이리시 커피    올드 패션드    록스    샷

고블렛    레드 와인    화이트 와인    로제 와인    샴페인 플룻    카하프

핀트    필스너    자이델    잉글리시 펍    바이스비어    티키

# 칵테일을 만드는 신기한 도구

지거

줄렙 스트레이너(체)

호손 스트레이너(체)

코블러 셰이커

보스턴 셰이커

바 스푼

머들러

# 어른이라면 누구나 알아야 할
# 칵테일 2가지

맨해튼

호밀 위스키−2oz(약 59ml)
스위트 베르무트−1oz(29.5ml)
앙고스투라 비터스−소량으로 2번 끼얹어줌

마티니

드라이 베르무트−1oz(29.5ml)
진−4oz(118.2ml)

CHAPTER 9

각국의
달콤한
디저트

# 흔히 먹는 케이크

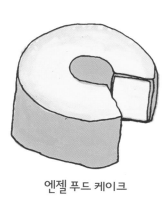

엔젤 푸드 케이크

파인애플 업사이드다운 케이크

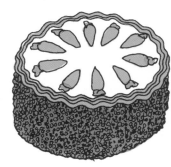

당근 케이크

번트 케이크

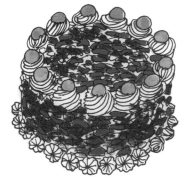

블랙 포레스트 케이크

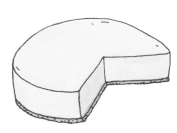

치즈 케이크

스위스 롤케이크

스트로베리 쇼트케이크

토르타 트레스 레체

마블파운드 케이크

# 알아두면 유용한 케이크 만들기와 관련된 용어

**cake flour(케이크 밀가루)**  단백질 함량이 낮은 밀로 만들어
케이크 질감을 가볍게 한다.

**fondant(퐁당)**  질감이 반죽 같은 설탕 아이싱으로 매끈한 시트를 씌울 수
있고 틀로 쉽게 모양을 뜰 수도 있다.

**ganache(가나슈)**  다크초콜릿 또는 화이트초콜릿과 헤비 크림을 섞어
만든 부드러운 프로스팅

**buttercream(버터크림)**  버터 또는 쇼트닝과 설탕을 부드러워질 때까지
섞어 만든 다용도 프로스팅

**royal icing(로열 아이싱)**  달걀흰자, 설탕과 레몬 즙을 치대서 만든
흰색의 단단한 아이싱

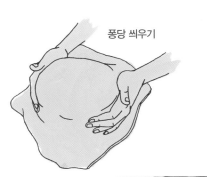

퐁당 씌우기

로열 아이싱으로
쿠키 장식하기

# 아이스크림 주세요!

## 미국, 뉴욕 또는 필라델피아 스타일

설탕, 우유, 크림만으로 만든 아이스크림

## 프랑스 스타일

커스터드 또는 우유와 달걀을 섞어 가열한 베이스로 만든 아이스크림

## 소프트콘

미국 스타일과 비슷하지만 버터지방이 더 적고, 여러 번 저어 공기가 더 많이 들어가 질감이 부드러운 아이스크림. 다른 아이스크림보다 상대적으로 온도가 높은 상태에서 낸다.

## 프로즌 커스터드

소프트콘과 비슷하지만 버터지방이 더 많고 달걀노른자를 더했다. 보통 소프트콘보다 덜 휘저어 공기 함량이 더 적다.

## 젤라토

이탈리아식 아이스크림으로 지방이 적고 소프트콘보다 느린 속도로 휘저어 밀도가 균일하다.

## 쿨피

얼린 우유를 기반으로 한 인도의 디저트로 아이스크림은 아니지만 우유와 설탕, 물을 얼려 만든 것이다.

## 봄베

케이크나 쿠키 속에 들어가는
아이스크림

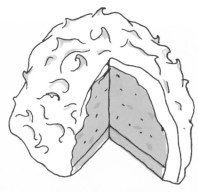

## 베이크드 알래스카

케이크 층 위에 아이스크림을 얹고
머랭으로 덮은 후 뜨거운 오븐에
재빨리 구워낸 디저트

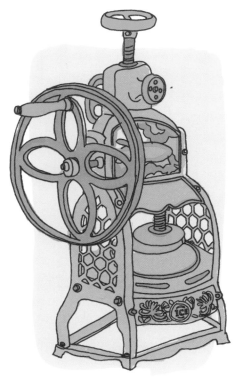

20세기 아시아의 빙수

## 빙수

전 세계에서 다양한 형태의 빙수를 먹는다.
이 별미는 1500년 전 일본에서 만들어졌고
카키고리라 불린다. 기본적으로는 갈아내거나
잘게 부순 얼음에 향미를 첨가한 시럽을 듬뿍
뿌리고 연유, 팥, 옥수수 알갱이, 젤리 등의
토핑을 얹어 먹는다.

시럽

아이스크림선디의
종류

과일 또는 젤리

아이스크림

잘게 부순 쿠키
또는 머랭

니커보커
글로리

빨간색 껍질의
스페인 땅콩

초콜릿 소스

바닐라
아이스크림

틴 루프

볶은 땅콩

바닐라
아이스크림

핫 퍼지 소스

핫 캐러멜 소스

터틀

파인애플 토핑

딸기
아이스크림

마라스키노 체리

초콜릿
아이스크림

바닐라 아이스크림

휘핑크림

초콜릿 소스

잘게 부순 땅콩

바나나 스플릿(통째)

바나나 스플릿

보트

쿠키

린저 사브레

초콜릿 칩

사보이아르디

동물 모양 크래커

알파호르

레인보우 쿠키

스트룹와플

쾨르비야

스니커두들

브라우니 앤 블론디

스페큘러스

블랙 앤 화이트

진저브레드 ─ 단단한 도우에 꿀을 넣어 단맛을 더하고 생강 등 향신료들로 맛을 낸다. 진저브레드의 기원은 수 세기 전으로 거슬러 올라간다. 다양한 모양으로 장식하기 시작한 것은 12~13세기 유럽에서부터였다. 16세기 독일 제빵사들이 전문 길드에서 진저브레드를 예술 공예작품으로 발전시켰다.

# 초콜릿 만드는 법

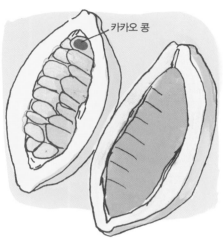

카카오 콩

## 1. 추수

카카오나무에서 익은 콩꼬투리들을 꺾어
반으로 쪼개면 카카오 씨를 품은
흰 과육이 드러난다.

바나나 잎

## 2. 발효

카카오 콩꼬투리와 과육은 풍미를 위해 발효 후
말려서 추려낸 뒤 초콜릿 공장으로 보낸다.
오늘날에는 이 콩을 코코아콩이라고 부른다.

## 3. 로스팅

코코아콩은 초콜릿 공장의 주문요청에
맞춰 볶는다. 볶는 정도에 따라 다른
향과 맛이 난다.

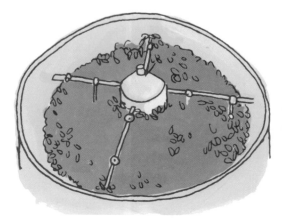

## 4. 껍질 깨서 키질하기

볶은 콩을 작은 조각으로 부순 후 종잇장 같은
겉껍질은 선풍기를 돌려 날려버린다. 작은
코코아콩 조각을 닙이라고 하고 때로
디저트 장식용으로 쓰기도 한다.

닙

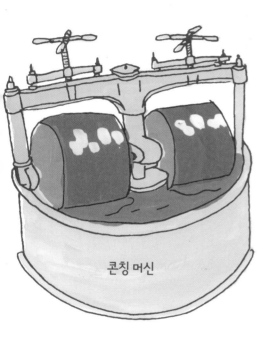

콘칭 머신

## 5. 분쇄 및 콘칭

코코아콩을 잘게 부순 닙으로 코코아 음료나 초콜릿 진액
그리고 순지방인 코코아 버터를 만든다. 건조하고 남은
콩 조각들로는 코코아가루를 만든다. 콘칭은 코코아 액,
코코아 버터(또는 보다 저렴한 가격의 초콜릿류를 위한 또
다른 지방) 그리고 설탕을 몇 시간 혹은 며칠 동안
가열하여 부드럽고 풍미 있는 혼합물로 섞는
과정을 말한다.

## 6. 템퍼링

틀에 넣기 전 초콜릿을 여러 번 가열하고
식히는 과정을 반복한다. 그럼으로써
초콜릿바나 봉봉 사탕의 표면이 파삭파삭하지
않고 반들거리고 매끄러워진다.

템퍼링 머신

틀

# 세계의 간식

**월병**
중국

**비나터르타**
아이슬란드

**코키스**
스리랑카

**사쿠라모치**
일본

**메이플 캔디**
캐나다

**제피르**
러시아

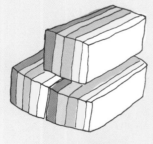

**무지개떡**
한국

**프티 푸르**
프랑스

**브리가데이로**
브라질

굴랍자문
인도

바텐버그 케이크
영국

쿠르토스 카라치
루마니아

카사타 시칠리아나
이탈리아

할로 할로
필리핀

# 설탕 한 스푼

미국에서는 대개 정제된 백설탕에 당밀을
넣어 진갈색 또는 연갈색 설탕을 만든다.
때로 원료당이라고 부르는 데메라라(demerara),
터비나도(turbinado), 무스코바도(muscovado)
설탕은 사탕수수에서 설탕을 추출할 때
자연적으로 생기는 당밀을 모아 만든 것이다.

가장 풍미가 깊고 진한 설탕은 정제되지
않은 흑설탕 또는 당밀이 풍부한 사탕수수
즙의 수분을 증발시켜 만든 설탕일 것이다.
흑설탕은 국가별로 파넬라(panela),
라파두라(rapadura), 재거리(jaggery),
필론실요(piloncillo), 코쿠토(kokuto)라고 부른다.

백설탕

황설탕

연한 황설탕

터비나도 설탕

무스코바도 설탕

흑설탕

# 홈메이드 버터스카치 소스

. . . . . . . . . . . . . . . . . . . . . . . . . . . . . . . . . . . . . . . . .

캐러멜은 백설탕을 갈색으로 만든 소스나 사탕을 의미하고, 버터스카치는 황설탕으로 만든
당액을 말한다. 한편 토피(toffee)는 버터스카치가 딱딱하게 바스러질 때까지 가열해서 만든다.
진짜 버터스카치에는 버터가 들어가는 게 당연하지만, 요즘에는 대부분의 요리법에서
버터에 우유나 크림을 추가한다.

**재료** 무염 버터 4테이블스푼
진한 황설탕 1컵
헤비 크림 3/4컵
소금 1/2티스푼

요리법

1. 바닥이 두껍고 무거운 소스 팬에 중간 불로 버터를 녹인다. 버터가 녹기 시작하
   면 설탕을 넣고 결정이 다 녹을 때까지 저어준다.

2. 1의 혼합물을 가열한다. 거품이 생기고 진득해질 때까지 가끔씩 저어주면서 몇
   분 동안 끓인다.

3. 크림을 넣어 섞어주고, 뜸을 들인 후 단단하고 윤이 날 때까지 가끔 휘저으며 가
   열한다.

4. 소금을 넣고 휘저은 후 간을 맞추기 위해 조금 더 넣는다. 식혀서 냉장고에 넣는
   다. 2주까지 냉장 보관할 수 있다.

# 사탕

수많은 사탕들은 원하는 밀도가 될 때까지 설탕물을 계속 끓여 만든다. 설탕과 물의 비율 그리고 끓이는 시간과 과정이 사탕의 질감에 영향을 준다. 사탕류 상품은 액체로 된 시럽부터 부드럽고 쫄깃쫄깃한 것, 단단하고 파삭한 것까지 질감이 다양하다. 올바른 단계는 차가운 물속에 뜨거운 혼합물 한 스푼을 떨어뜨려 부드러운 공 모양에서 부서지기 쉬운 가닥들을 만들기까지 어떻게 반응하는지에 따라 판단된다.

| 설탕의 상태 | 온도 | 설탕% | 예 |
| --- | --- | --- | --- |
| 부드러운 공 모양 | 234-241도 | 85% | 퍼지 |
| 약간 단단한 공 모양 | 244-248도 | 87% | 소프트 캐러멜 |
| 단단한 공 모양 | 250-266도 | 90% | 구미베어 |
| 부드럽게 깨지는 상태 | 270-289도 | 95% | 솔트워터 태피 |
| 단단하게 깨지는 상태 | 295-309도 | 99% | 롤리팝 |

# 단단한 사탕 만들기

끓이고 난 후 사탕을…

1. 넓은 판에 식힌다.

2. 갈고리로 끌어 올린다.

3. 길게 늘인다.

4. 조각으로 자른다.

단추사탕

# 추억 속 사탕 가게에는

## OLD FASHIONED

메리제인

왁스병

병 주둥이를 깨물어
시럽을 빨아먹고
겉껍질은 껌처럼
씹는다.

정향, 계피,
윈터그린과
리코리스 등의
오리지널 맛

사탕목걸이

솜사탕

솜사탕 기계에
돌리면 액화된
설탕이 작은 구멍으로
방출되는 동시에
가느다란 실 형태로
굳어 솜사탕이 된다.

리코리스

전통적으로 이 사탕은
리코리스 식물의
뿌리 추출물로
맛을 냈다.

버터민트

분필 같은 질감으로
유명하며 1893년부터
제조되었다.

아토믹
파이어볼

담배 모양
사탕

# 페이스트리

마카롱

나폴레옹

에클레어

쿠안 아망

대니시

바클라바

스트루델

# 퍼프 페이스트리 만들기

'라미네이트(laminate)'는 도우 속에
버터나 지방을 넣고 여러 겹으로
반복해 접어 얇고 바삭하게
만드는 과정을 말하는 전문 용어다.

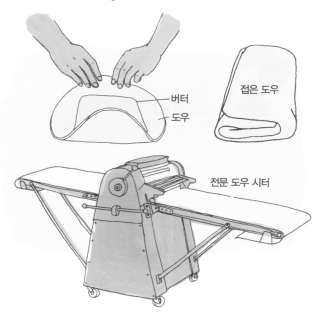

버터
도우

접은 도우

전문 도우 시터

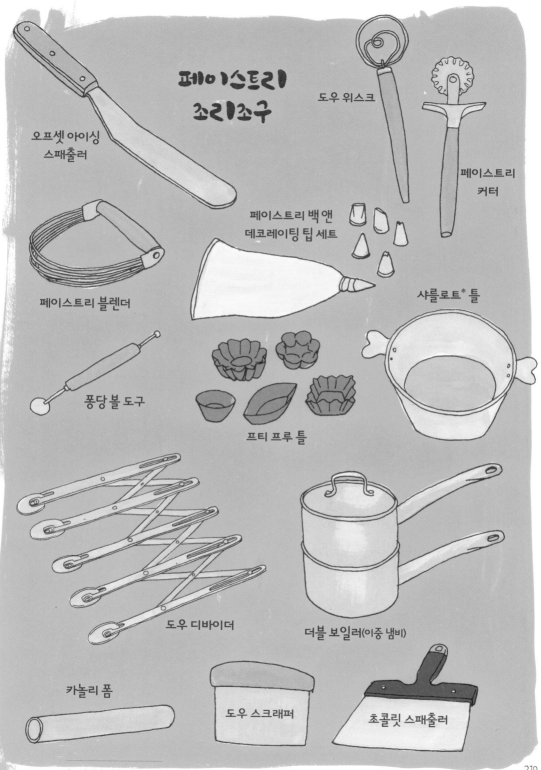

페이스트리
조리도구

오프셋 아이싱
스패츌러

도우 위스크

페이스트리
커터

페이스트리 블렌더

페이스트리 백앤
데코레이팅 팁 세트

샤를로트* 틀

퐁당 볼 도구

프티 프루 틀

도우 디바이더

더블 보일러(이중 냄비)

카놀리 폼

도우 스크래퍼

초콜릿 스패츌러

* 과일과 빵을 커커이 쌓아 만든 푸딩

219

# 부드럽고 달콤한
# 세계의 간식

## 화이트 누가

구운 견과류, 휘핑한 달걀흰자, 설탕에 조린 과일,
설탕 또는 꿀로 만든 쫄깃한 과자. 이탈리아나
스페인에서는 누가 자체만으로 큰 인기가
있으며 미국에서는 초콜릿바의 필링 재료로
더 잘 알려져 있다.

## 할바

중동, 아시아 및 유럽 동남부에서 먹는
진한 과자. 여러 다른 종류의 재료를
섞어 만든 페이스트로 만든다.
세몰리나, 참깨, 과일 또는 달걀과
견과류 등의 재료가 들어간다.

## 마지팬

갈은 아몬드, 설탕 그리고 때로 달걀을
섞은 페이스트에 색을 첨가하고 틀을
사용해 모양을 정교하게 만든다.
세계 여러 곳에서 다양한 이름으로
만들어진다. 마지팬 과자는 종종
크리스마스 축하용으로도 쓰인다.

## 도돌

코코넛밀크, 천연 황설탕, 쌀가루로
만든 토피 같은 과자. 다양한
맛으로 동남아시아 전역에서
판매한다.

마시멜로 식물

## 마시멜로

수분이 모두 증발할 때까지 설탕을 끓인 후
젤라틴 또는 아라비아검을 섞고 달걀흰자를
풀어 넣는다. 마시멜로 식물(althaea officinalis)
의 수액으로 농축한 마시멜로 모양은
고대 이집트에서부터 시작되었다.

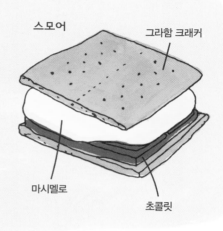

스모어

그라함 크래커

마시멜로

초콜릿

## 바르피

연유와 설탕이 굳을 때까지 가열한 후
식혀 작은 조각들로 잘라낸 과자. 당근,
망고, 코코넛, 피스타치오, 카다멈과 장미수
등 다양한 모양과 맛을 낸다.

## 터키시 딜라이트

터키어로는 로쿰(lokum)이라고 부른다. 이 젤리 사탕은 원래
오스만 제국에서 만들어졌으며 그 지역에 널리 퍼졌다.
점도증가제를 첨가한 설탕 시럽으로 걸쭉하게 만들며 네모난
모양에 보통 장미수로 맛을 내고 겉에 슈가파우더를 입힌다.

# 아메리칸 파이

**1. 바나나 크림**  슬라이스 바나나와 그라함 크래커 크러스트로 만든 커스터드 파이. 위에 휘핑크림을 얹는다.

**2. 사워 체리**  격자 모양의 크러스트

**3. 레몬 머랭**  레몬커드 필링에 휘핑한 달걀흰자와 설탕으로 만든 머랭을 얹는다.

**4. 초콜릿 치즈**  남부 스타일의 커스터드 파이로 코코아가루로 맛을 내고 옥수수가루로 걸쭉하게 만든다.

**5. 그래스호퍼**  초콜릿 쿠키를 잘게 부수어 만든 크러스트에 휘핑크림으로 속을 채운 민트 향 파이

**6. 빈**  흰 강낭콩을 으깨어 만든 달콤한 커스터드 파이

**7. 더블 크러스트 애플**  질감이 살아있는 타트 베이킹 애플로 만든 것이 최고다.

**8. 호두파이**  달걀, 버터, 진한 옥수수 시럽 또는 당밀과 호두로 속을 채운 파이

# 도넛

프렌치

보스턴 크림

케이크

베어 클로 (곰발)

글레이즈드 위드 스프링클

올드패션드

베녜

초콜릿 케이크

애플 프리터

젤리

롱존

꽈배기

# 포춘 쿠키

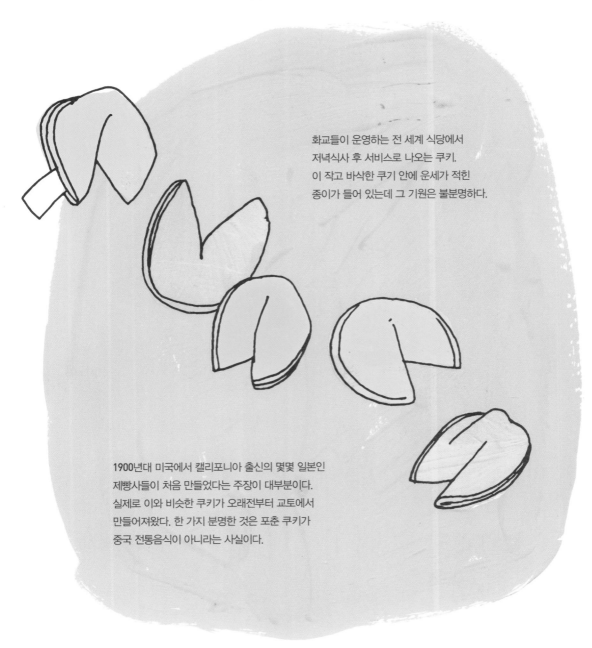

화교들이 운영하는 전 세계 식당에서
저녁식사 후 서비스로 나오는 쿠키.
이 작고 바삭한 쿠키 안에 운세가 적힌
종이가 들어 있는데 그 기원은 불분명하다.

1900년대 미국에서 캘리포니아 출신의 몇몇 일본인
제빵사들이 처음 만들었다는 주장이 대부분이다.
실제로 이와 비슷한 쿠키가 오래전부터 교토에서
만들어져왔다. 한 가지 분명한 것은 포춘 쿠키가
중국 전통음식이 아니라는 사실이다.

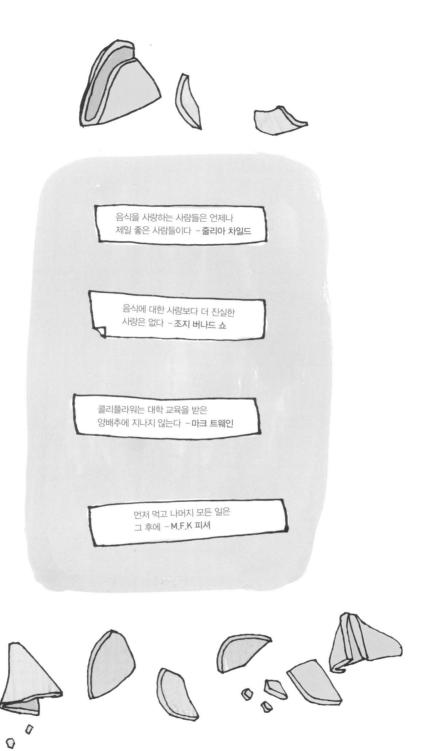

음식을 사랑하는 사람들은 언제나
제일 좋은 사람들이다 –줄리아 차일드

음식에 대한 사랑보다 더 진실한
사랑은 없다 –조지 버나드 쇼

콜리플라워는 대학 교육을 받은
양배추에 지나지 않는다 –마크 트웨인

먼저 먹고 나머지 모든 일은
그 후에 –M.F.K 피셔

# 감사의 말

이 책을 쓰는 데는 1년 이상이 걸렸고 정말 많은 이들의 도움으로 엄청난 양의 조사, 편집, 드로잉, 페인팅 그리고 레이아웃 작업을 진행할 수 있었다.

먼저 이 책의 집필 파트너인 레이첼 워튼에게 감사해야겠다. 그녀보다 더 좋은 파트너는 구할 수 없을 것이다. 그녀는 자료를 조사하고 너무나 흥미로운 정보들을 적어주었으며 이 모든 일들을 종합해서 모든 작업을 쉽고 재미있게 해주었다.

항상 인내심을 가지고 내가 올바른 방향으로 나아갈 수 있도록 도와준 내 편집자 리사 하일리에게도 감사한다. 또한 스토레이(Storey)의 멋진 협력자들 모두에게 감사한다. 벌써 모두와 일한 지 수년이나 되었다. 이제 그들을 내 친구라고 부를 수 있으리라 생각한다. 데보라 밸무스, 알레시아 모리슨, 메리베스 캐시 그리고 늘 따뜻하게 환영해주는 사무실의 모두에게 감사드린다.

정말 멋진 내 비서 에론 해어는 내 옆에서 페인팅을 하며 아이디어 내는 걸 도와주고 내가 일을 제대로 할 수 있도록 정리해주었다. 그녀의 도움이 없었더라면 이 책을 마무리할 수 없었을 것이다.

처음 브레인스토밍을 도와주고 음식의 세계를 소개해준 미라 에브닝에게도 감사한다.

아시안 마켓 여행을 이끌어준 짐 다이츠에게도 감사의 말을 전한다.

일과 생활을 통틀어 내가 하는 모든 일을 도와준 '프로 케일 마사지사' 제니와 '프로 페이스트리 사냥꾼' 매트도 고맙다.

압도당할 만큼 커다란 장애물들을 넘어갈 수 있도록 최고의 도구들을 내게 선물해준 지타 키인에게 감사한다.

계속해서 나를 지지해주고 최고의 가족이 되어주는 부모님과 언니에게 감사한다.

핀란드의 전통요리들을 배울 수 있게 자신의 집에 기꺼이 초대해준 피르조와 에스코 무스토넨에게 감사한다. 딸기를 딸 수 있게 해준 아리 코호넨에게도 감사한다.

그리고 내게 진짜 음식을 먹는 방법을 가르쳐주고 모든 면에서 큰 영감을 준 산투 무스토넨에게 이 책을 바친다.

# 음식해부도감

초판 1쇄 발행 | 2017년 10월 30일
초판 7쇄 발행 | 2022년 10월 28일

지은이 | 줄리아 로스먼
옮긴이 | 김선아

발행인 | 김기중
주간 | 신선영
편집 | 정은미, 백수연
마케팅 | 김신정, 김보미
경영지원 | 홍운선
펴낸곳 | 도서출판 더숲
주소 | 서울시 마포구 동교로 43-1 (04018)
전화 | 02-3141-8301~2
팩스 | 02-3141-8303
이메일 | info@theforestbook.co.kr
페이스북·인스타그램 | @theforestbook
출판신고 | 2009년 3월 30일 제2009-000062호

ISBN | 979-11-86900-36-9 (03590)